ENCYCLOPÉDIE

POPULAIRE

ou

LES SCIENCES, LES ARTS

ET LES MÉTIERS,

MIS A LA PORTÉE DE TOUTES LES CLASSES;

SUITE DE TRAITÉS,

Publiés à Londres

SOUS LES AUSPICES DE LA SOCIÉTÉ POUR LA PROPA-

GATION DES CONNAISSANCES UTILES;

TRADUITS DE L'ANGLAIS,

Et formant une Collection complétée par

des ouvrages français.

La connaissance des principes scientifi-
ques rend l'homme plus habile, plus
adroit, plus sûr des moyens de gagner
sa vie, et lui procure des jouissances
dont l'ignorant ne peut même se faire
une idée.

PARIS,

IMPRIMERIE DE A. HENRY,

RUE GÎT-LE-COEUR, Nº 8.

ART DU MENUISIER

EN BATIMENS ET EN MEUBLES,

SUIVI

DE L'ART DE L'ÉBÉNISTE,

Ouvrage contenant

Des Élémens de Géométrie descriptive

Appliquée

AU TRAIT DU MENUISIER.

De nombreux modèles d'escaliers, l'exposé de tout ce qui a été récemment inventé pour rendre l'outillage parfait, des notions fort étendues sur les bois, sur la manière de les colorer, de les polir, de les vernir, et sur leur placage.

TROISIÈME ÉDITION.

Entièrement refondue et considérablement augmentée;

PAR M. A. PAULIN DESORMEAUX,

AUTEUR DE L'ART DU TOURNEUR.

PREMIÈRE PARTIE.—Bois, Outils, Notions générales sur la manière de s'en servir.

PARIS,

AUDOT, ÉDITEUR,

RUE DES MAÇONS-SORBONNE, N° 11.

1828.

L'ART

DU

MENUISIER.

PREMIÈRE PARTIE.

BOIS.

CHAPITRE PREMIER.

§ Iᵉʳ. LES BOIS POUR LA BATISSE.

Les bois employés pour la menuiserie en bâtisse sont principalement le chêne et le sapin. Nous commencerons par parler du chêne qui doit occuper le premier rang.

Le Chêne. On connaissait jadis différentes sortes de chêne, qu'on a depuis confondues; nous croyons cependant nécessaire de rétablir les anciennes distinctions, parce qu'elles pourraient servir au menuisier, lors de l'achat de son bois, et encore, bien que la nature de ces bois ait éprouvé bien des variations, toujours est-il qu'ils ont conservé quelques-unes des qualités qu'on leur avait remarquées.

Le chêne du Bourbonnais, disait Roubo, est dur et noueux; sa couleur est d'un gris-pâle; il est difficile à travailler. On l'emploie à des ouvrages grossiers et solides, mais jamais à faire des panneaux, parce que, débité en feuilles minces, il serait sujet à se fendre ou à se déjeter.

Celui que fournit la Champagne, est moins dur et moins défectueux. Sa couleur est jaunâtre; lorsqu'il est refendu en planches minces ou voliges, et qu'il est bien sec, on peut l'employer à faire des panneaux.

Le chêne des Vosges est droit, égal et assez tendre; il est d'un jaune-clair, parsemé de petites taches rouges, et presque sans nœuds; son grain est large et poreux. Ce bois est très-propre pour les ouvrages de dedans, comme lambris, alcoves, armoires, buffets, etc. Il est très-rare.

La forêt de Fontainebleau produit un chêne qui se travaille aisément et reçoit bien le poli; il est bon pour l'assemblage et les moulures. Sa couleur est un peu plus foncée que celle du bois des Vosges, avec laquelle elle a cependant de l'analogie. Il est sujet à se fendre : ce qui le fait employer de préférence pour les bâtis, et rarement pour les panneaux; il est très-sujet à une espèce de ver qui y fait des trous assez larges et longs de cinq à six pouces; il est souvent rempli de nœuds, et ne doit s'employer que pour les ouvrages communs qui doivent éprouver beaucoup de résistance, comme bancs, tables, commodes, etc.

Le chêne de Hollande doit peut-être sa grande réputation à la manière dont il est débité. Quoi qu'il en soit, il est préféré par les ouvriers. Nous appelons l'attention des manufacturiers français sur ce point; certains chênes de nos climats, principalement celui des Vosges, remplaceront ce bois étranger, lorsqu'on aura apporté, dans le débitage, le même soin qu'y ont apporté les Hollandais. On trouve, dans nos recueils technologiques, et principalement dans les Annales des arts et manufactures, des renseignemens bons a consulter sur les scieries hollandaises. Mais nous ne pouvons entrer dans aucun détail sur cet objet, parce qu'alors nous nous écarterions de la route qui nous est tracée ; le débitage ne regarde pas le menuisier qui achète son bois tout préparé.

Les bois qu'on nomme d'*échantillon,* sont ceux qu'on a sciés et débités dans les forêts en grosseurs et longueurs convenables pour des ouvrages déterminés. Ceux pour servir à faire des battans de portes – cochères, ont ordinairement douze, quinze et dix-huit pieds de longueur sur un pied ou quinze pouces de largeur, et sur quatre à cinq pouces d'épaisseur : on doit choisir les morceaux exempts de nœuds et de fentes ou gerces : ce sont de fortes *membrures.* On donne, en général, ce nom à tout morceau de bois de six, neuf, douze ou quinze pieds de longueur sur six pouces de largeur, et trois d'épaisseur. On n'est pas invariablement fixé sur ces noms : on appelle aussi madriers ou cartels, des bois de six, huit, dix et même douze pieds de longueur, d'un pied à deux pieds de largeur, et d'une épaisseur variant de trois à six pouces.

Lorsque les morceaux sont égaux en épaisseur et largeur, qu'ils ne varient pas au-delà de trois ou quatre pouces, et que leur longueur est de dix, douze ou quinze pieds, on les nomme chevrons. Les *quenouilles* ont à peu près les mêmes dimensions en largeur et épaisseur, mais sont longues de six à neuf pieds, suivant les pays.

Les *planches* sont, comme tout le monde le sait, du bois débité par portions plus ou moins plates, suivant l'épaisseur qu'on veut donner à la planche; leurs largeur et longueur sont indéterminées; leur épaisseur passe bien rarement deux pouces. Les planches portent des noms divers : *volige, feuillet, panneau, bois de pouce, trevoux, trois-quarts*, etc.

Le *Sapin*. Ce bois est moins souvent employé que le chêne par le menuisier en bâtisse; il sert cependant a faire des panneaux pour les portes d'intérieur et pour d'autres usages. Ce bois se débite en planches de dimensions diverses, suivant les pays et les usages auxquels on le destine ; assez ordinairement, la planche marchande] porte douze pieds environ de longueur sur neuf à quinze pouces de largeur et un pouce d'épaisseur. On tire particulièrement ce bois de l'Auvergne et de la Lorraine. La volige n'a que six ou neuf lignes d'épaisseur.

Le *Hétre* s'emploie quelquefois dans la bâtisse ; mais très-rarement, nous parlerons de ce bois, lorsque nous détaillerons ceux dont le menuisier ou l'ébéniste doivent s'approvisionner.

§ II. BOIS POUR LA MENUISERIE EN MEUBLES.

Le *Chéne* s'emploie pour faire des meubles grossiers et les bâtis de meubles plus précieux ; il s'emploie aussi dans les intérieurs : c'est avec lui qu'on *fonce* les armoires (leur mettre des fonds), qu'on fait les tiroirs des commodes, des tables et secrétaires, etc. On l'emploie encore pour les meubles qui doivent être recouverts par la peinture, comme les bureaux à écrire, les serre-papiers, certains buffets, etc. Ce que nous venons de dire de ce bois, en parlant de ceux employés dans la *bâtisse,*

nous dispense d'entrer dans de nouveaux détails. Nous devons ajouter qu'on
trouve diverses sortes de chêne qui produisent un très – bel effet, lorsqu'ils
sont préparés pour le meuble. Nous
avons vu des loupes de chêne de Bretagne qui ne le cèdent en beauté à
aucun bois. Le chêne, d'ailleurs, prend
très-bien la couleur. Nous reviendrons
sur ce sujet, en parlant de la manière
dont on colore les bois.

Le *Sapin* sert également, au menuisier en meubles, à faire des doublures
pour les meubles de peu de valeur. On
doit le choisir sain, sec, et, autant que
possible, scié sur maille droite, c'est-
à-dire, préférer les planches provenant
du plus grand diamètre de l'arbre.

Le *Hêtre* est un bois dont le menuisier
en meubles fait un fréquent usage. Il
vient dans les forêts de la plus haute
taille; il supporte parfaitement le fort
assemblage : on en fait des bois de fauteuils, ou de chaises garnies, des canapés,
des lits, des armoires, des commodes.
Son grain approche assez de celui du
noyer avec lequel les personnes peu ex-
périmentées sont sujettes à le confondre, surtout lorsqu'il est recouvert

d'une couleur faite avec le brou de noix; il prend aussi la couleur d'acajou, mais les couleurs produites par les acides n'agissent pas sur lui.

Ce bois prend difficilement le poli; cependant, comme il se coupe bien dans tous les sens, qu'il est ferme et plein, il tient un rang distingué parmi les bois utiles; il est moins sujet à la piqûre que le noyer, quoique, cependant, les vers ne l'épargnent pas. Les menuisiers font ordinairement leurs établis en hêtre : il est sujet à se tourmenter lorsqu'il n'est pas bien sec; mais, malgré ce défaut, on doit encore le préférer au chêne, surtout, pour la table de l'établi, parce qu'il n'est pas sujet à se fendre. Le hêtre est, après l'orme, le bois qui fait les meilleurs établis; les tables de cuisine, les étaux de boucher et autres gros ouvrages. Il ne sert dans l'ébénisterie que pour former les bâtis et les intérieurs. Le hêtre, lorsqu'il est très-sec, reçoit fort bien le placage.

Le Noyer est un fort bon bois; il est doux et liant, et susceptible d'un fort beau poli; on en fait toutes sortes de meubles. Il est également propre à être employé massif ou en placage. Le noyer d'Auvergne est moins sujet aux vers que celui des autres pays.

On distingue, dans le noyer, un grand nombre de variétés ; mais les deux le plus généralement connues sont la blanche et la noire. Le noyer blanc provient ordinairement des arbres qui croissent dans des terrains bas, où la terre végétale est abondante. Il devient très-gros, et on le débite en planches larges et peu épaisses qui, sous le nom de *panneaux*, servent dans la menuiserie en voiture. Le noyer blanc sert en outre pour faire tous les meubles pour lesquels on ne veut pas faire de grands frais ; il est ferme et liant, se prête bien à l'assemblage du tenon et de la mortaise, et prend bien la couleur. Le noyer noir veiné pousse plus particulièrement dans les terrains élevés et rocailleux ; le bois en est coriace et tortillé, et convient spécialement aux ébénistes. On augmente le foncé de ses veines en laissant séjourner l'arbre abattu dans des mares d'eaux stagnantes ou sous les fumiers dans les cours de fermes. On le retire alors, on le laisse sécher, et on le débite en madriers propres à être réduits en feuilles de placage. Les meubles construits en beau noyer plaqué rivalisent avec ceux faits en acajou, et par leur beauté et par le prix auquel ils se vendent. On peut d'ailleurs, par l'emploi de plusieurs procédés dont nous parlerons plus bas, donner à ce bois la couleur de l'acajou, et faire en sorte, qu'au chatoyement près, il puisse être pris pour du bois exotique.

Le Merisier a pris faveur depuis que les menuisiers en chaises, dits *bâtonniers*, en ont su tirer un parti aussi avantageux. Ce bois reçoit facilement la teinture, prend un beau poli, et résiste assez bien à la fatigue, moins cependant que le frêne et l'acacia pour les chaises ordinaires. On fait, avec le merisier, des tables rondes, des commodes, des bois de lits qui sont assez estimés. Ce bois a cependant le désavantage de pâlir en vieillissant, et d'être sujet à la vermoulure ; rarement les planches en sont entièrement saines, ce qui fait qu'il y a toujours beaucoup de déchets et de perte dans son emploi; malgré ces défauts, le merisier est très-souvent employé. Si on le traite par les acides, et qu'on choisisse un bois riche en accidens, on produit des meubles très-élégans et très-recherchés ; nous avons vu à Paris des fauteuils de merisier verni qui étaient du plus bel effet. L'art avec lequel les courbes avaient été tranchées dans des morceaux de fil contrarié, laissait de l'incertitude sur la nature du bois employé pour leur fabrication ; les agrémens des loupes d'érable et d'aune s'y rencontraient réunis. Ce bois, d'ailleurs, se rabote aisément, et lorsqu'il est bien sain et non échauffé, il peut faire de bons assemblages à tenons et mortaises et à queues.

Le Cerisier s'emploie aux mêmes usages que le merisier, mais il est moins estimé.

Le Guignier diffère des deux bois dont il vient d'être parlé, en ce qu'il paraît être plus dur. On fait avec des planches de guignier (lors surtout qu'elles sont ornées de nœuds), des dessus de tables et de buffets qui ne sont pas sans beauté ; on en fait de même de très-beaux comptoirs. Lorsque le guignier est beau, on ne doit point y mettre de couleur. Sa couleur vert-tendre et ses nœuds vert-olive, avec des accidens rougeâtres, blancs ou bruns, ont trop de charmes pour qu'il soit besoin de leur en prêter d'étrangers. Ce bois, lorsqu'il n'est pas bien sec, est sujet à se tourmenter. C'est pourquoi le menuisier ne doit l'employer que lorsqu'il a suffisamment fait son effet.

Le Prunier est moins employé que les bois dont nous venons de parler ; ce n'est pas qu'il ait rien d'inférieur en qualité et en beauté, mais bien parce qu'il est plus rare ; ce bois qui est d'un grain fin et serré, est doux, liant et facile à raboter. Parmi les pruniers cultivés, le bois de celui dit Saint-Julien, est le plus beau et le plus agréablement veiné. C'est le plus rouge de nos bois indigènes ; il est agréablement sillonné de raies d'un brun foncé et par fois nuancé de veines carminées d'un très-bel effet. L'aubier de ce bois est d'un gris tendre qui fait un contraste agréable avec le foncé du cœur. Cet aubier, lorsque le bois a été coupé en bonne saison, et écorcé un an d'avance, est d'une consistance telle, qu'il le cède peu au bois fait. Ce bois est sujet à pourrir dans le cœur ; c'est ce qui fait qu'on en trouve rarement des planches d'une grandeur suffisante pour en faire des ouvrages de grande dimension, et qu'on se contente d'en faire de petits meubles, tels que dévidoirs, toilettes, chiffonnières et autres qui n'exigent pas de grands morceaux. Les ébénistes de la capitale, soit par négligence, soit par intérêt, ont fait tous ces objets avec l'acajou qu'ils ont sans cesse sous la main, et sont parvenus à faire dominer dans le public le goût exclusif de ce bois exotique. Par là ils privent les véritables connaisseurs de cette aimable variété que la nature a mise dans ses produits. J'ai travaillé certains morceaux de prunier ; les teintes et l'aspect étaient de beaucoup supérieurs à ce que l'acajou offre de plus satisfaisant ; mais, je le répète, il est plus commode à nos ouvriers de fourrer partout l'acajou, parce qu'il faudrait faire beaucoup de pas et de démarches pour se procurer le bois de notre pays. Le prix élevé de l'acajou ne saurait les arrêter puisqu'ils le font payer à l'acheteur, et que, par ce moyen, leur gain est assuré sans qu'il leur en coûte autant de peine. Le prunier cœur, ne produit pas un bon effet lorsqu'il est traité par les acides. L'aubier peut prendre la teinte du cœur lorsqu'on met dessus de l'acide nitrique un peu étendu d'eau.

Le Prunier sauvageon est un bois dur agréablement veiné. On peut l'employer aux mêmes usages que le prunier cultivé ; il est même préférable dans certains cas, surtout lorsque l'on a besoin que les pièces présentent de la résistance comme dans les pieds de table, les petites colonnes détachées, et la fabrication de quelques fûts d'outils.

L'Acacia n'est pas autant employé qu'il devrait l'être ; c'est un bois dur, pesant, serré, nerveux, d'une couleur jaune-vert, veinée de bandes brunes ou vert-olive. Ce bois reçoit un beau poli ; il n'est pas facilement attaqué par les vers ; les chaises communes faites avec ce bois ont beaucoup de durée, et sa force élastique permet de les faire légères et évidées. On a depuis quelques tems quitté l'acacia pour le merisier et le noyer, dans la fabrication de ce meuble usuel. C'est un tort que le tems redressera ; les chaises d'acacia reviendront à la mode parce qu'il s'en faut de beaucoup qu'elles soient sujettes à tous les inconvéniens qui rendent l'emploi des autres très-dispendieux.

Le Charme est un bois dur, rustique, pesant, d'une couleur blanche, d'une contexture serrée; il se rabote et se fend difficilement. On l'emploie peu en menuiserie, si ce n'est en marqueterie, parce qu'alors sa couleur blanche sert à trancher sur les couleurs rembrunies. On fait avec le charme les cases blanches d'un échiquier. Il est susceptible de recevoir un assez beau poli; les menuisiers doivent toujours avoir en réserve quelques bûches de charme noueuses et bien sèches, parce que, si ce bois ne trouve pas souvent son emploi dans les meubles, il est très-bon pour la fabrication d'un grand nombre d'ustensiles et d'outils nécessaires dans la boutique. Le maillet du menuisier sera en charme, et, s'il peut être pris dans un morceau où plusieurs gros nœuds se trouvent réunis, il sera d'une bonté parfaite. On fait aussi, avec ce même bois, les manches des outils destinés à recevoir les coups répétés de maillet tels que becs-d'âne, fermoirs, ciseaux et autres.

On prétend qu'il y a beaucoup de choix à faire dans l'acquisition de ce bois; qu'on doit rejeter celui provenant de terrains bas et humides, qui est, dit-on, gras, cotonneux et sans consistance. Je ne sais jusqu'à quel point cette assertion est fondée, mais je dois faire observer qu'en général, pour les bois dont on exige un travail pénible et journalier, il faut toujours préférer ceux dont les racines se sont frayé un passage à travers les rochers, ou qui ont pris leur accroissement sur des pentes rapides. Ces sortes de bois, en conservant une partie de la rusticité du sol qui les a nourris, sont ordinairement d'une plus grande force que ceux qui ont pris leur accroissement dans des terres profondes et abondantes en sucs nourriciers.

L'Orme est plutôt un bois de charronnage que de menuiserie. Il doit cependant tenir son rang dans l'atelier pour la fabrication de certaines pièces pour lesquelles il est le premier des bois ; le dessus d'une table de cuisine, la table d'un établi, le billot d'un boucher ou d'un charcutier, ne sauraient être faits avec un bois plus convenable. Le menuisier sera encore bien aise de le trouver lorsqu'il faudra faire des pieds de résistance, des entretoises solides. C'est surtout dans les parties courbes et chantournées qu'il devient précieux, et lorsque le fil tranché n'aurait que très-peu de force si l'on employait le chêne ou tout autre bois moins lié. Les bûcherons distinguent plusieurs sortes d'ormes, sous les noms d'*orme mâle*, d'*orme femelle*, d'*orme tau*; mais, comme nous n'en sommes pas à faire l'histoire naturelle des bois, mais seulement à faire connaître leurs propriétés et leur usage dans l'art que nous enseignons, nous nous bornerons à parler de l'orme en général.

Lorsque l'orme est jeune, sa couleur est jaune pâle, tirant sur le vert; en vieillissant, le cœur brunit, et ce cœur brun finit, dans les vieux ormes, par devenir la couleur dominante de l'arbre. L'aubier seul, qui n'est pas très-épais, reste blanc-jaune. Ce bois compacte est difficile à bien polir : aussi se donne-t-on bien rarement la peine de le faire, puisqu'il ne sert qu'à faire des meubles communs.

L'espèce d'orme nommée orme *tortillard* semblerait, à l'inspection du fil du bois, former un bois à part : c'est un de nos meilleurs et de nos plus beaux bois.

Son grain est fin, lustré, particulièrement picoté; ses couleurs sont agréablement mêlées; l'aubier, traversé par des nœuds rougeàtres, est souvent recouvert de couches de bois fait, et égaie, par sa nuance adoucie, le trop sombre des autres teintes, qui décroissent depuis le brun-noir en passant par le brun-rouge, jusqu'au rouge-violet ou carminé. Ses filamens, mêlés dans tous les sens, présentent à l'œil des dessins variés dont la singularité fixe les regards. Il se polit facilement, et, lorsqu'il est recouvert par un vernis bien appliqué, on le prendrait pour un marbre poli. Malheureusement ce bois est rare ; ce n'est pas qu'il ne s'en trouve beaucoup d'arbres ; mais ils sont pour la plupart pourris dans le cœur, ou remplis de crevasses à un tel point, qu'il est difficile d'obtenir des morceaux sains assez grands pour être employés avec avantage.

L'orme tortillard ne paraît pas être une espèce distincte, mais bien l'orme ordinaire que des circonstances locales et particulières rendent tel. On en trouve communément dans les bois qui tapissent les côtes escarpées des collines. Ou en trouve encore sur le bord des ruisseaux ou des fossés pleins d'eau. Il est ordinaire qu'un orme devienne tortillard lorsqu'il est étêté et ébranché souvent. Les paysans de certaines contrées de la France nomment ces arbres *tétards* ; ils ressemblent de loin à des saules ; comme eux ils forment de grosses trognes sur lesquelles poussent en divergeant une grande quantité de petites branches ou scions, qu'on coupe ordinairement tous les ans.

Il ne faut pas confondre l'orme tortillard avec la loupe d'orme dont nous parlerons plus bas, lorsque nous en serons aux bois avec lesquels les ébénistes font leur placage : la loupe d'orme diffère essentiellement de l'orme tortillard. C'est une superfétation, un épanchement de sève qui a lieu sur les ormes ordinaires, qui doit être préféré à l'orme tortillard lui-même, et pour sa beauté, et pour son homogénéité.

L'If n'est guère connu que de l'ébéniste ; le menuisier en gros meubles en fait rarement usage : nous en parlerons au chapitre des bois de placage. Il y a une espèce d'if nommée if uni, if ordinaire ou if sapin, qui serait très-bon à employer dans la boutique du menuisier, pour régles, équerres, fausses équerres, etc. Ce bois, qui prend un très-beau-poli, dont la couleur naturelle est très-agréable, devrait être plus employé qu'il ne l'est. Il est léger et fort, et pourrait servir à la confection de fort jolis petits meubles. Ainsi que nous le dirons plus bas, l'if se colore artificiellement par le moyen des acides.

Le Platane est moins serré que le hêtre. On en faisait autrefois peu d'usage dans la menuiserie; cependant, comme son grain fin le rend susceptible de recevoir un beau poli, et qu'il est souvent agréablemeut nuancé, les menuisiers de nos jours ont eu le bon esprit de le tirer de l'injuste mépris où on l'avait laissé, et de l'employer à faire des meubles fort agréables. Par sa disposition ligneuse, il se prête à toute espèce d'assemblage solide, et sa compacité le rend propre à recevoir les moulures les plus délicates. Ce bois est ferme et doux; il se coupe bien dans tous les sens; et, suivant les différentes directions que l'on donne à son fil en le débitant, il offre des nuances et des accidens de teintes très-agréables. Sa surface polie est quelquefois diaprée, et paraît présenter des ressauts comme le chêne.

Le fond de ce bois est d'un blanc peut-être un peu fade, mais il est susceptible d'être relevé par une teinte légère qui s'y incorpore avec facilité : employé sec, le platane ne se tourmente pas, et les assemblages dans lesquels il entre restent très-serrés et très-adhérens.

Il existe une variété de platane qu'on nomme platane tortillard : on la reconnaît extérieurement à des espèces d'anneaux qui sont sur sa tige comme sur une colonne à bossages : l'emploi de ce platane très-noueux peut présenter de jolis panneaux pour meubles.

L'Erable est encore, par sa loupe, un bois de placage dont nous parlerons plus bas. Nous ne devons ici le considérer que comme bois de menuiserie ordinaire. On connaît plusieurs espèces d'érables : l'érable commun, ou *petit érable des bois*, est un arbre de France peu élevé, qui fournit un bois dur susceptible d'un beau poli : les ébénistes recherchent surtout son broussin.

L'érable sycomore, ou faux platane, est un bois blanc fort employé par les menuisiers et ébénistes, quoique peu dur. Ceux-ci paient quelquefois son broussin très-cher, à cause de la beauté des petits meubles qu'ils en fabriquent : il prend d'ailleurs un beau poli.

L'érable plane sert aux mêmes usages que le précédent : son bois, qui est blanchâtre, se travaille avec facilité : il prend bien toutes les couleurs.

L'érable à feuilles de frêne donne un bois blanc, dur, excellent pour faire des meubles.

Tous les différens érables reçoivent des teintes variées par l'emploi des acides, et les menuisiers l'emploient ordinairement à faire des modèles.

Le Frêne devrait être rangé parmi les bois durs, dont il sera ci-après parlé. Cependant, comme il s'emploie à certains ouvrages pour lesquels il ne peut être remplacé par d'autres, nous devons en faire mention. Le frêne est un arbre forestier magnifique, dont le bois est le plus haut de tous. Il est surtout mis en œuvre par le menuisier en voitures; on en fait aussi des chaises qui sont les meilleures de toutes, des échelles très-hautes, très-menues, et surtout très-solides. Les vers pénètrent rarement ce bois, quoique l'écorce y soit très-sujette. Le bois est d'un assez beau blanc, rayé de jaune à la séparation de ses couches concentriques. Il se rabote assez bien, et fait des assemblages très-solides : ce bois est un de ceux sur lesquels les acides ont le plus d'action.

L'Olivier, arbre précieux qui croît en abondance dans le Midi, fournit un bois très-bien veiné, d'une odeur agréable. Les ébénistes et les tabletiers l'estiment beaucoup à cause du très-beau poli qu'il prend facilement ; mais ce bois est en général tortueux et peu solide ; sa couleur est jaunâtre, rayée de brun ; il est veiné et ondé sur les faces verticales ; ses loupes ou excroissances sont surtout recherchées par la variété des figures qu'elles représentent ; mais l'emploi de ce bois est restreint par le défaut qu'il a de se rouler ou de se détacher par couches annulaires ou concentriques.

Le Houx fournit un bois très-fin, du plus beau blanc possible, sans pores apparens et qui prend le plus beau poli ; il sert, entr'autres choses, à faire les cases blanches de damiers précieux. La grande quantité d'eau de végétation qu'il contient, et qu'il conserve long-tems, le rend très-long à sécher ; mais, parvenu à une parfaite siccité, il tire sur le jaune, et prend peu de retrait. Il est difficile à raboter, si ce n'est avec un rabot à dents debout ou à deux fers. Quand une pièce est achevée et bien polie, on serait tenté de la prendre pour de l'ivoire; car elle présente de petites mouchetures comme celles de l'ivoire, d'une finesse moyenne. En raison de toutes ces qualités, le bois de houx est très-estimé et très-employé en marqueterie.

Le Poirier est le bois qui présente le travail le plus agréable au jugement des praticiens dans tous les arts; il est doux, liant, sans nœuds ni gerçures; très-uni, très-égal, d'un grain fin et homogène, et il se rabote et se coupe dans tous les sens : aussi le préfère-t-on pour faire les modèles des machines. Sa couleur est rougeâtre : il prend bien le poli, ainsi que la teinture en noir, de façon que les ébénistes le substituent à l'ébène.

L'Amandier est un excellent bois; quelques ouvriers l'appellent *faux gayac* ou *gayac de France*. Lorsque ce bois est bien sec, les billes qui avoisinent le pied de l'arbre ont en effet une certaine ressemblance avec le bois de gayac. Lorsqu'on le coupe avec une scie à dents fines, la section est polie et luisante, comme celle de ce bois.

Comme lui, l'amandier est fort pesant ; il est extrêmement dur, et conserve très-long-tems son huile. Des morceaux bien débités de pied d'amandier peuvent être pris pour du gayac, et il faut des yeux bien exercés pour trouver quelque différence entre ces deux bois. On prétend que le bois de l'arbre qui rapporte des amandes amères est d'un grain plus serré que celui de l'autre espèce d'arbre. L'amandier nouvellement abattu est très-sujet à se fendre ; mais lorsque sa gerce est faite, il ne travaille plus : il faut donc le laisser exposé long-tems à l'air libre avant de le débiter. Il se fend dans toute la longueur de l'arbre, en décrivant ordinairement une hélice. Lorsqu'il a bien fait son effet, on le monte au grenier, où il travaille encore un an. Après, on peut le débiter : on en fait d'excellentes queues de billard.

Le Châtaignier est un bois peu employé dans la menuiserie ; on ne sait trop pourquoi on le méprise. Il est vrai qu'il se rabote mal, et qu'il est peu susceptible d'être poli ; mais une qualité précieuse qu'il possède à un haut degré, devrait racheter ces désavantages ; c'est qu'il conserve toujours un volume égal, ne se gonflant ou se resserrant jamais d'une manière sensible : il doit être propre à faire les bâtis qui doivent être recouverts de placage.

Le Peuplier s'emploie assez souvent maintenant dans les ouvrages qui ne demandent pas une grande solidité, comme tablettes, fonds de tiroirs, etc. On en trouve de foncé, qui est d'un fort bel effet, soit qu'on l'emploie coloré par les acides, soit qu'on lui laisse sa couleur naturelle : ce bois porte bien le placage.

Le Citronnier a pris faveur depuis quelque tems ; les tabletiers et les ébénistes en font de petits coffres appelés nécessaires, qu'ils garnissent de clous d'acier dont les têtes sont taillées à facettes. La mode s'en passera ; car ce bois, jaune, uni, ne doit sa beauté qu'au vernis. Cet agrément ne dure pas longtems ; la sueur des mains, l'humidité de l'air, le font disparaître, et les clous d'acier, dont la tête est saillante, s'opposent à ce qu'il soit verni de nouveau.

On se sert encore en menuiserie, et surtout pour l'ébénisterie, d'une grande quantité de différens bois, tels que l'aulne, avec lequel on fait des échelles et des chaises communes ; le tilleul, qui sert particulièrement dans les endroits que le ciseau du sculpteur doit enrichir de dessins soignés ; le faux ébénier, l'arbre de Judée, peuvent, par leurs couleurs variées, trouver place dans les endroits où l'on a besoin de former des contrastes. Nous passerons de suite à la nomenclature et à la description des bois qui servent, dans la boutique du menuisier et de l'ébéniste, à la fabrication des outils.

§ III. BOIS PROPRES A LA FABRICATION DES OUTILS.

Ces bois sont : le cormier, l'alisier, le frêne, le charme, l'orme, les sauvageons, le buis, le houx, le pommier, le poirier.

Le Cormier est un bois rouge, dur, pesant, se coupant assez bien, d'un grain fin et serré. C'est avec ce bois qu'on fait le plus communément les fûts des varlopes et demi-varlopes, les rabots, les bouvets, les feuillerets, les outils de moulure, etc.

L'*Alisier*, moins sujet à se tourmenter que le cormier, est moins dur ; mais la différence est si peu sensible qu'on l'emploie souvent aux mêmes usages. L'alisier est blanc lorsqu'il est jeune ; il devient roussâtre en vieillissant. Il se trouve, dans le cœur, des veines du plus beau noir, qui produisent un bon effet sous le rapport de la beauté, mais qui sont sèches et cassantes lorsqu'elles se rencontrent sur des angles. On fait encore avec l'alisier des trusquins, des règles, des équerres, mais, lorsqu'il est parfaitement sec, et qu'il a bien fait son effet.

Le *Fréne* sert, dans l'atelier, à faire les montures de scies, les manches de maillet, des poignées, et autres objets qui exigent du nerf et une certaine flexibilité et pour lesquels les bois durs dont nous venons de parler et qui n'ont pas assez de fil rendraient un mauvais service.

Le *Charme* sert, ainsi que nous l'avons dit, à faire de bons maillets ; il peut même, à certains égards, servir à faire des vis de presses à collage ; mais il le cède, sous ce rapport, à l'alisier.

L'*Orme* fournit les meilleurs billots à dégrossir, des dessus d'établi, et surtout d'excellens écrous, non-seulement pour les presses d'établi, mais encore pour les simples presses à placage.

Le *Poirier sauvage* s'emploie pour les modèles de parties courbes et de voussures.

Le *Houx* fait les meilleurs manches de marteau et de hache.

Le *Pommier* cultivé, et surtout le pommier sauvage, fournissent les meilleures vis d'établi.

Le *Poirier* cultivé sert à faire des règles, des fausses équerres, des pièces carrées et autres ustensiles, qu'on peut faire également en noyer, en if uni. Les manches des outils sur lesquels on frappe souvent, et que l'on fait ordinairement, ainsi que nous l'avons dit plus haut, en charme, seront d'un meilleur usage si on les prend dans le cœur d'amandier, près de la souche.

Le *Buis* sert à mettre des pièces aux rabots et varlopes lorsque l'usage a trop agrandi la lumière.

§ IV. DES BOIS DE PLACAGE.

Les bois de placage sont indigènes ou exotiques. Les bois indigènes qu'on emploie le plus souvent au placage, sont la loupe de frêne, la loupe d'orme, la loupe d'érable, la loupe d'aulne, la loupe d'yeuse, ou chêne vert, l'if noueux, le noyer, certains morceaux de platane, le citronnier, et en général tous les bois qui peuvent, par la beauté de leur veinage et par leur facilité à recevoir un beau poli, concourir à l'agrément des meubles qu'ils doivent revêtir.

Autrefois on faisait un grand usage du placage tiré des bois exotiques. Cet usage est maintenant, et avec raison, très-restreint; et même on pourrait borner à l'acajou, dont il se fait une prodigieuse consommation, la nomenclature des bois étrangers dont nous faisons encore usage. Cependant, nous devons rappeler les noms du bois de rose, du palissandre, de l'ébène, du bois satiné et du bois violet, dont on se servait tant, et qu'on a depuis abandonnés. Ces bois sont plus ou moins propres au placage; mais aucun d'eux ne se fixe aussi solidement que l'acajou, et nous pensons que, puisque le mauvais goût du bois exotique prévaut, on a du moins bien fait de donner la préférence à l'acajou.

LOUPE DE FRÊNE.

La loupe de frêne, employée comme placage depuis une quinzaine d'années, est le bois de France le plus beau et le plus facile à travailler en ébénisterie : c'est par lui que nos artistes peuvent voir nos bois indigènes l'emporter sur l'acajou et les autres bois des Indes. Aussi roncé que l'orme, le frêne a sur lui l'avantage de n'être pas aussi sujet à être picoté. On a pesé des madriers de plus de cent livres qui n'avaient pas une seule gerce, et qui offraient l'aspect d'un bloc de marbre blanc, nuancé de roux, de chamois et de gris de fer. On reconnaît trois sortes bien distinctes de loupe de frêne : la brune, la blanche et la rousse ; et chacune de ces trois espèces est susceptible, suivant les préparations qu'on lui fait recevoir, de changer de couleur et de reflets. Chacune de ces trois espèces a également deux aspects sous lesquels elle peut être considérée : la partie roncée et la partie flammée. Il est vrai que d'autres morceaux, particulièrement des roncés, se sont trouvés criblés de trous et ont nécessité l'emploi d'un grand nombre de chevilles; mais cet inconvénient n'était alors qu'accidentel, et ne tenait pas à la nature du bois, comme cela a lieu pour la loupe d'orme. Les loupes de frêne sont quelquefois si grosses, qu'on en voit de susceptibles d'être débitées en cartels de cinq ou six pieds de longueur, sur un pied, quinze et dix-huit pouces de largeur et quatre ou cinq pouces d'épaisseur. On en a vu d'autres débitées en cubes qui avaient dix-huit pouces sur tous sens, et peut-être en existe-t-il de plus grosses.

Frêne brun. Dans les trois variétés dont nous venons de parler, la brune tient le premier rang pour les ouvrages d'ébénisterie et de placage; sa couleur sombre, agréablement mélangée de dessins d'une couleur plus tendre, semble être le résultat des vapeurs méphitiques dont les cartels se pénètrent dans les fosses ou mares dans lesquelles on les laisse long-tems séjourner, ainsi qu'on le fait pour le noyer dans certaines contrées, quoique cependant cette couleur foncée se trouve quelquefois exister dans le bois sans qu'il ait reçu cette préparation. Cette variété, dont on ne peut faire usage que très-rarement, parce qu'elle est sujette aux crevasses, ne demande aucune préparation lorsqu'on veut l'employer. Après le poli ordinaire à l'huile, elle est revêtue de toutes les belles nuances qu'elle est susceptible d'avoir, et l'emploi des procédés chimiques lui serait plus nuisible qu'utile.

Pour aider à bien reconnaître cette variété, nous engageons à varloper et polir grossièrement le morceau à acheter, puis à le mouiller avec la salive : s'il présente une couleur bien franche de noix de coco, s'il en a le grain fin, la dureté, le sonore, la pesanteur, on doit en faire l'acquisition et être assuré de la beauté de la matière lorsqu'elle sera polie et vernie.

Cette variété étant, après la jaune, celle qui est la plus sujette aux crevasses que quelques personnes nomment *flasches*, on préparera, pour les remplir, un nombre suffisant de chevilles de bois de diverses couleurs, et on fera un mastic avec de la bonne colle forte et de la sciure très-fine de bois rouge, comme bois de rose, acajou, cormier, et surtout bois de corail. On en remplira tous les trous et crevasses, et, après avoir trem-

pé les chevilles dans la colle, on les enfoncera dedans, et on laissera le tout sécher ; après, avec une petite scie, on
coupera toutes ces chevilles, et on enlèvera, avec un ciseau parfaitement affûté,
ce qui pourra saillir encore, en ayant
soin de s'arrêter lorsqu'on atteindra le
bois ; on passera après sur le tout un rabot à deux fers très-finement affûté.

Si le trou est grand, on ajuste un morceau de même bois, de manière qu'il
remplisse à peu près la cavité, et on le
fait entrer à force dans le trou rempli
de mastic ; on refoule ensuite ce mastic
autour du morceau, et on a soin de le
laisser saillir sur les bords de la pièce
rapportée, afin que, lorsque le dessèche-
ment aura opéré le retrait du mastic, il
ne se fasse pas une rentrée dans les joints,
qu'il faudrait remplir de nouveau, ce qui
occasionnerait plus de travail et un re-
tard dans la confection de l'ouvrage.
Quand tout est bien sec, on coupe,
comme nous venons de le dire à l'occasion des chevilles, l'excédant de la pièce
rapportée, avec une scie à main, ou avec
un ciseau bien affûté, puis on passe le
rabot sur le tout. On parvient de cette

manière à noyer la pièce, de sorte qu'il est parfois impossible de reconnaître sa place.

L'ouvrage verni et achevé, si l'on a agi sur un morceau d'une certaine épaisseur, et en supposant que ce morceau soit cubique, le bois présentera deux aspects, le roncé par-dessus et au-dessous, et le flammé sur chacune des quatre autres faces, ce qui provient de la direction des nœuds. Les côtés où les nœuds aboutissent sont roncés; ceux sur lesquels ils présentent le flanc sont flammés. On conçoit qu'il est rare que ces nœuds aient une direction symétrique et uniforme, d'où il résulte que souvent le même morceau présente du roncé et du flammé sur une même face, comme dans le cas où les nœuds parcourent le cube ou le parallélipipède, ou toute autre figure, en suivant une ligne diagonale. Cette réunion du flammé et du roncé se rencontrera encore souvent par une cause indépendante de la manière dont le morceau aura été débité, si les nœuds ont pris, comme cela arrive souvent, toutes sortes de directions et qu'ils se croisent les uns et les autres. On ne pourrait décrire d'une manière régulière ce qui n'est qu'irrégularités. Il existe en outre des morceaux où le roncé ne se montre nulle part, où tout est flammé, et dans lesquels le bois est tellement mêlé, qu'il est impossible d'y reconnaître aucun fil, aucune direction dans les couches superposées. Dans ce cas, et c'est celui qui se rencontre le plus souvent pour la loupe brune dont nous nous occupons, le bois présente une imitation parfaite d'un beau marbre roux et fauve, et le poli de glace qu'on lui donne aisément, ajoute encore à l'illusion. Il est bon de remarquer que ce bois se coupe indifféremment sur tous les sens, et la réflexion induit à le penser; la matière ressemble à du carton, quant à sa contexture, mais n'en conserve pas moins sa précieuse ténacité, qui permet d'y pousser les moulures les plus délicates, qui ne s'égraineront jamais, pas même sur la vive arête des filets les plus fins.

Les morceaux appartenant à cette variété proviennent particulièrement du cœur de l'arbre : ceux de la seconde variété, dont nous allons entretenir nos lecteurs, proviennent des parties extérieures avoisinant l'écorce.

La loupe de frêne brune n'est presque jamais roncée.

Le *Frêne blanc*, moiré ou roncé, deuxième variété, a tous les agrémens du frêne dont nous venons de parler, et en offre de précieux que ce premier ne possède pas. Ce frêne n'a été soumis à aucune influence étrangère ; lorsque les loupes sont enlevées de dessus l'arbre, on les serre dans un lieu qui ne soit ni sec ni humide. Après deux ans d'abattage, on peut commencer à les employer. Ce frêne, qui diffère du précédent en ce qu'il n'est presque jamais crevassé, est, relativement, moins pesant que l'autre, et n'est peut-être pas tout-à-fait aussi dur ; cependant le poli qu'il est susceptible de recevoir n'en est pas moins brillant. Le beau moiré-blanc, mélangé d'une couleur tendre café-au-lait, et parfois d'accidens gris-bleu, forme la teinte primitive et naturelle de cette espèce de loupe ; mais l'art peut lui donner des aspects tout différens : il devient à volonté d'un beau vert admirablement jaspé, d'une belle couleur brune et rousse alternée, ou bien encore d'un beau brun foncé mêlé de noir et de rouge sombre.

C'est à l'aide de l'acétate de fer qu'on

obtient ces résultats divers, et qu'en moins d'une heure, on peut faire passer les mêmes objets par les trois différentes teintes que nous venons d'indiquer. Nous parlerons de ce moyen, en disant à nos lecteurs comment on colore les bois.

Le *Frêne roux*, ou *jaune obscur mélangé de roux*. Cette variété est rare; on n'en trouve presque jamais de roncé. Ce sont des filamens entortillés formant une infinité de figures bizarres. Le bois, lorsqu'on le coupe, offre l'aspect d'un bois pourri. On peut le polir et le vernir tel que la nature le donne, comme on peut le teindre avec les différens caustiques; cependant leur effet n'est pas aussi marqué que sur le frêne blanc, ce qui vient sans doute de ce que cette dernière variété, ainsi que la première, a déjà reçu l'action d'un acide quelconque. Je pense, sans pouvoir l'affirmer, que l'eau pure a coloré la troisième variété, et je fais observer de plus que le frêne blanc lui-même, lorsqu'il est bien sec et qu'il a été long-tems exposé à l'air, perd la faculté de prendre une belle couleur verte, et qu'alors il prend celle qui est le produit du caustique n° 2, indiqué plus bas. J'attribue cet effet, mais ce n'est qu'une supposition, à ce que, lors de sa dessiccation, le bois perd la quantité d'acide gallique qui lui est nécessaire pour la production de cette couleur, qui a lieu lors de la combinaison de cet acide, ou de tout autre, avec l'acétate de fer dont se compose ce caustique. Ce qui me porte à penser ainsi, c'est que si, par un moyen quelconque, ainsi qu'on le verra plus bas, on rend à ce bois l'acide qu'il a pu perdre par l'évaporation, la couleur verte paraît de nouveau lorsqu'on le recouvre d'acétate de fer.

Je ne terminerai pas ce qui a trait au frêne, sans prévenir mes lecteurs que ce bois précieux offre une variété si étonnante, que les trois divisions que nous avons établies ne sauraient embrasser toutes ses nuances. Ils trouveront sans doute des morceaux mixtes participant du caractère de deux, et peut-être des trois espèces : ils doivent croire que, dans le choix de la loupe de frêne, il faut, ainsi qu'en toute autre chose, apporter de l'attention et du discernement. Quoique ce bois soit généralement fort beau, il est cependant des climats où il parvient à une perfection qu'il ne saurait atteindre dans d'autres; et dans ces mêmes climats, il y en a de supérieur en beauté, et conséquemment d'inférieur. Nous n'avons pu parler que de ce que nous avons observé jusqu'à cette heure; mais il s'en faut de beaucoup que le champ des découvertes soit entièrement exploité. Nous avons dû consacrer quelques pages à ce bois important, qui n'a encore été décrit que dans fort peu d'ouvrages, et dont nous croyons que l'*Art du Tourneur* a fait la première mention circonstanciée. Tout nous fait présager que ce bois doit quelque jour faire passer entièrement le goût des bois exotiques. Il ne faut pour cela que le mettre à la portée des ouvriers et le leur procurer à un prix inférieur à celui des feuilles d'acajou. Je dis inférieur, parce que le placage du frêne, nécessitant toujours un peu plus de travail et des bâtis plus solides, il faut que le prix de la matière compense, par son infériorité, le plus de travail qu'elle nécessite. Lorsque le meuble plaqué en frêne se présentera au même prix que l'acajou dans la boutique du marchand, nul doute que l'acheteur ne le préfère, étant plus beau et beaucoup plus solide.

La *Loupe d'orme* est sans doute inférieure à la loupe de frêne, mais occupe cependant encore un rang très-distingué parmi les bois indigènes propres au placage. Elle est connue depuis plus longtems, et lorsqu'elle parut pour la première fois à la deuxième exposition des produits de l'industrie, elle enleva tous les suffrages; les connaisseurs, arrêtés en foule autour des meubles qui en étaient pour la première fois recouverts, lui prédirent une destinée brillante. Cet espoir ne s'est pas pleinement réalisé. La couleur sombre et sérieuse de cette loupe, la cherté des meubles qu'elle avait produits, s'opposèrent aux succès auxquels elle devait prétendre par sa beauté. Il faut convenir que sa couleur est un peu triste, surtout si le meuble est placé dans un appartement sombre, et qu'il sera toujours assez difficile d'en faire descendre le prix, parce que le travail qu'elle exige est très-considérable; mais, malgré ces désavantages, la loupe d'orme, en attendant que l'active industrie puisse la mettre à la portée des petites fortunes, devra parer l'appartement du riche somptueusement meublé. Sa couleur sévère, sa durée, sa beauté, lui assignent sa place dans le salon d'apparat.

La loupe d'orme n'est point sujette à la gerce; compacte, d'un grain fin et serré, elle se déprime en séchant, et une fois sèche, ne se tourmente plus. Elle a, comme la loupe de frêne, deux aspects, le roncé et le flammé, mais ce flammé n'est point de la même nature que celui du frêne : c'est une espèce de barré représentant assez souvent, quant à la forme, une arête de poisson, et extrêmement rapproché. Sa couleur bistre est quelquefois égayée par des clairs produits par des parties d'aubier intercalées dans la masse, qui sont dures et prennent un aussi beau poli que le reste du bois ; mais c'est ce poli, qui ne se donne que très-difficilement, qui s'est opposé jusqu'à présent à ce que les meubles de loupe d'orme pûssent être livrés à un prix modique. C'est donc des moyens d'obtenir ce poli que nous allons entretenir nos lecteurs.

Après avoir dressé l'ouvrage avec un rabot à fer presque droit, ou même à fer denté, si l'on ne peut parvenir à se servir de fer ordinaire, on regardera le bois avec attention, et l'on s'apercevra qu'il y existe des trous nombreux, et même quelquefois, mais plus rarement que dans la loupe de frêne, des manques et des crevasses. On emploîra, pour remplir ces trous, le moyen que nous avons indiqué en parlant de la loupe de frêne. On fera de même en outre, ainsi que nous l'avons conseillé, un grand nombre de petites chevilles, ou clous en bois, que l'on trempera dans la colle et qu'on enfoncera dans chaque trou en les frappant avec un marteau ; puis on coupera ces chevilles comme nous l'avons dit plus haut, soit avec une scie à rogner, soit avec un ciseau bien affûté. On passera le rabot à deux fers sur le tout, et, après avoir essuyé la pièce, on regardera si l'on n'a pas omis de boucher quelques trous, ce qu'il faudra faire de suite, jusqu'à ce que le bois présente une surface compacte. On pourra alors commencer à polir.

Quelques personnes prennent de suite la ponce sèche, avec laquelle elles frottent le bois en tournoyant. Cette ponce doit être choisie blanche, légère, soyeuse dans sa cassure et bien homogène.

Une seule petite pierre qui se trouverait dans ses pores, suffirait pour rayer l'ouvrage. On frotte cette pierre sur le bois en lui faisant décrire des cercles excentriques, comme le font les maîtres d'écriture lorsqu'ils veulent faire des traits de plume. Il faut de tems en tems frapper sur le bois ou sur l'établi avec cette pierre, afin que ses pores se vident de la poussière qui les bouche promptement.

D'autres personnes poncent à l'eau ; mais cette opération ne peut avoir lieu pour le placage. Lorsqu'on ponce en mouillant le bois, il faut avoir soin d'enlever de tems à autre la boue épaisse qui se forme sur le bois, et qui encrasse la pierre, soit en brossant le bois ou l'essuyant avec un tampon, soit en plongeant de tems en tems la ponce dans un vase rempli d'eau. Lorsqu'on veut poncer à l'huile, on opère de même, ou bien on broie de la ponce qu'on répand sur le bois ; on fait un tampon assez dur en toile, qu'on recouvre quelquefois de peau, qu'on humecte d'huile, et avec lequel on frotte sur le bois ; cette dernière manière de poncer à l'huile est bonne, surtout lorsqu'il s'agit de polir d'autres surfaces que les droites, comme les moulures, les gorges profondes, les endroits rentrans ou ceux tournés et arrondis.

Lorsqu'on ne veut polir ni à l'eau ni à l'huile, et qu'on juge qu'il serait trop long d'enlever la barbe du bois avec le seul secours de la ponce, on peut employer le papier de verre en se servant d'abord du grain moyen, puis du grain le plus fin. Lorsqu'on a frotté quelque tems le bois avec ces papiers, et qu'ils s'emplissent de poussière, on les secoue fortement, en les frappant par derrière pour la faire sortir. Le bois reçoit, par ce moyen, un poli presque suffisant; on peut alors y passer la presle en petit paquet, et enfin la ponce sèche en morceau, qui donne le dernier poli. Le papier de verre et la presle peuvent également s'employer avec ou sans huile. Mais l'habitude des ouvriers est d'employer le papier de verre à sec, et la presle trempée dans l'eau.

Nous venons de dire qu'on pouvait polir la loupe d'orme avec l'eau ou l'huile, ou bien à sec : ce dernier moyen est plus long que les deux premiers, mais il dispense d'une opération longue et difficile, particulièrement lorsqu'on travaille sur la loupe d'orme : nous voulons parler de l'assèchement que les ouvriers nomment *boire l'huile*. Cet assèchement n'a pas besoin d'être fait lorsqu'on a poli à l'eau ; mais, ainsi que nous venons de l'expliquer, ce poli ne peut être appliqué lorsqu'on opère sur le placage, parce qu'on décollerait et qu'on ferait voiler le bois ; mais lorsqu'on a poli à l'huile, comme cela se fait le plus souvent, il faut absolument sécher l'huile, sans quoi le vernis ne prendrait pas, et l'ouvrage serait imparfait

En supposant qu'on ait poli à l'huile, voici comme se fait l'assèchement : on commence par frotter fortement le bois, soit avec de vieux linges propres, soit avec du papier brouillard, de manière à dégraisser le bois le plus possible. Ensuite, on fait un tampon ou sachet qu'on remplit de tripoli bien fin, et avec lequel on frappe légèrement sur toute la surface de la pièce à polir, de manière à la saupoudrer partout ; on laisse au tripoli le tems nécessaire pour qu'il puisse absorber, et l'on enlève en frottant fortement le bois avec un linge ou du papier brouillard ; on remet du tripoli, qu'on enlève de nouveau, et ainsi de suite, jusqu'à ce qu'il n'y ait plus d'huile dans le bois, ce qu'on reconnaîtra facilement, et à la couleur du tripoli enlevé et au poli brillant qui sera le résultat de cette opération.

La loupe d'orme est le bois le plus difficile à sécher, parce que l'huile le pénètre très-profondément; c'est ce qui fait qu'il est prudent, après avoir saupoudré deux ou trois fois de tripoli, de saupoudrer encore une fois, en mettant une couche épaisse, et de donner au tripoli le tems d'aspirer plus amplement, en le laissant sur le bois sans l'essuyer, pendant une nuit ou plus. Après ce tems on enlève le tripoli; et, après avoir encore une fois saupoudré, on est presque assuré que l'huile est totalement bue.

Cette difficulté qu'on éprouve à sécher l'huile sur la loupe d'orme, me fait incliner vers l'avis de ceux qui aiment mieux se donner un peu plus de mal, en polissant à sec, parce qu'alors on s'épargne cette opération fatiguante, et que, par ce moyen, la teinte de l'orme est plus claire et moins triste, l'effet naturel de l'huile étant de foncer les couleurs.

On reproche encore, avec quelque fondement, à la loupe d'orme, de ne pas garder le vernis, ce qui est assez souvent vrai, parce que l'huile pousse en dehors et ressort sur le vernis : cela vient de ce que l'ouvrier n'a pas suffisamment asséché avant de vernir. On n'a plus à craindre ce désagrément lorsqu'on a poli à sec. Toutes ces raisons me déterminent à conseiller à mes lecteurs, pour la loupe d'orme seulement, cette dernière manière de polir, que j'ai toujours pratiquée avec avantage. On verra, à l'article *vernis*, le moyen de remédier en partie à ce défaut, en rendant du lustre à un vernis que l'huile a traversé.

On plaque quelquefois avec l'orme tortillard ; il est d'un bel effet et ne demande pas autant de soin que la loupe d'orme ; mais, ainsi que nous l'avons dit plus haut, on en trouve rarement des morceaux sains assez grands pour être sciés en feuille ; nous n'avons d'ailleurs rien à dire de particulier sur ce placage et sur la manière de le préparer, qui est la même que celle employée pour la loupe de frêne brune, avec laquelle cette espèce d'orme a de la ressemblance.

On ne met sur ce bois aucune couleur, on ne varie sa teinte naturelle par aucun acide.

La loupe d'Erable, fournit un très-beau placage ; ordinairement saine et compacte, facile à colorer par les acides, chatoyant assez souvent, elle est susceptible de recevoir un très-beau poli : on la verrait bientôt recouvrir une grande partie de nos meubles si, par malheur, elle n'était pas aussi rare. Cependant, à son défaut, l'ébéniste pourra trouver, dans le pied des vieux érables, de très-beau placage qui ne sera pas, il est vrai, orné comme la loupe, mais qui sera agréablement ondé, surtout dans les morceaux qui avoisinent la racine.

La loupe d'érable n'a encore servi jusqu'à ce jour qu'à faire de petits ouvrages d'ébénisterie, tels que petits coffres, nécessaires, pupitres, toilettes : elle prend, lorsqu'elle est traitée par l'acide nitrique, une couleur brune presque noire, dont nous parlerons. Cette loupe n'a pas la consistance, la ténacité de la loupe de frêne : elle ne saurait recevoir des moulures fines et délicates.

La loupe d'aulne est tendre et soyeuse : elle offre des palmettes très-élégantes, une variété de couleurs et de reflets qui la font rechercher pour les meubles délicats et précieux ; mais elle est encore plus tendre que celle de l'érable, et ne doit être employée que dans les endroits où elle n'est pas exposée à recevoir des chocs, parce qu'elle se raye profondément, et perd sa beauté en perdant son poli.

Les acides agissent sur cette loupe, mais moins fortement que sur la loupe de chêne dont nous allons parler.

. La *loupe de chêne* paraît appartenir plus particulièrement aux forêts de la Bretagne. Cette loupe, très-belle, a le défaut d'être sujette à un retrait considérable, ce qui fait qu'on ne doit l'employer que très-sèche. La loupe de chêne de France, quoique sujette à être crevassée, doit cependant obtenir la préférence sur celle qu'on a apportée de la Russie. Les feuilles de cette dernière sont très-grandes, saines, et le bois en est très-mêlé; mais elles sont d'une couleur uniforme, et d'un dessin trop petit pour le meuble. Les acides n'agissent que fort peu sur elle, tandis qu'ils ont beaucoup d'action sur celle de France, qu'ils revêtent des plus belles couleurs.

L'if noueux fournit un placage admirable, d'une couleur agréablement

mélangée , dur , solide , compacte, recevant un poli de glace qui conserve long-
tems son vernis. Les traits délicats , les
linéamens mêlés en sens divers , les jolis
nœuds dont il est couvert , semblent
être faits au pinceau', par la main exercée d'un artiste habile. Le rouge , le
fauve , les teintes blondes , les nœuds
noirs qui tranchent souvent sur un aubier vert-pomme , tout concourt à rendre ce bois le plus beau qu'il soit possible d'employer pour les petits meubles ; malheureusement il n'offre presque jamais de grands dessins , ni de ces
palmettes qui permettent de former des
figures à peu près correctes et régulières
par le déploiement et le rapprochement
des feuilles.

Pour avoir de bel if , il faut savoir le
choisir ; l'if noueux croît dans presque
tous les départemens de la France ; les
ouvriers l'appellent improprement *If
anglais* : il croît dans les terrains pier-
reux, pousse entre les rochers , dans des
endroits où la terre végétale est rare. Il
parvient rarement à une grande hauteur,
ses branches, divisées dès le pied , sont
parfois adhérentes et recouvertes d'une
seule et même écorce. Il m'est arrivé de
scier un if qui contenait trois corps

d'arbre entièrement distincts , mais liés entre eux par un sève épanchée et recouverts d'un même aubier et d'une même écorce. Cette espèce est hérissée de petites branches depuis le pied jusqu'au sommet , et ce sont ces repousses qui forment les nœuds agréables qui font l'ornement de ce bois, qui en est traversé du centre à la circonférence : les couches annuelles en sont toutes traversées , ou du moins s'étendent autour de l'arbre en respectant le plus petit filet qu'elles cernent plutôt qu'elles ne recouvrent.

Si le terrain où l'if croît est ferrugineux , son bois a des accidens d'un violet bien prononcé qui rehaussent encore sa beauté. J'invite donc mes lecteurs à apporter tous leurs soins au choix de leur if et à s'habituer à distinguer , tandis qu'il est encore sur pied, un if uni , qui n'a que peu de valeur d'avec un if noueux qui en a beaucoup ; quand il sera coupé, il ne sera plus tems de choisir. L'if ordinaire ou if sapin , ainsi nommé parce qu'à l'intérieur il ressem- au sapin, peut se reconnaître facilement à l'extérieur. Son pied est droit et sans branches , son écorce lisse, son bois rond et effilé; il ne présente jamais,

comme le noueux, un extérieur pourri et
rocailleux ; son bois, assez régulièrement
rond , n'est pas comme l'autre , profon-
dement sillonné de côtes ou gorges. Cependant, malgré toutes ces différences,
il est certains arbres qui trompent l'œil
le plus exercé, et tel if peut être estimé
de peu de valeur qui , abattu et débité,
serait un bois précieux. Ce bois est fort
peu sujet à se fendre et sèche promptement

Le *noyer* tient un rang distingué parmi les bois de placage; on en fait des
meubles qui rivalisent avec l'acajou pour
la beauté des dessins ; loin de perdre sa
couleur en vieillissant , il brunit et se
colore quelquefois d'une teinte rouge
qui le rend très-beau. Les acides n'a-
gissent pas très-puissamment sur lui;
mais , en revanche, il prend admirablement toutes sortes de teintures. Le noyer
noir et fortement veiné , est le seul qu'on
débite en placage ; ses veines larges et
bien dessinées produisent un fort bel effet lorsqu'elles sont opposées avec goût.
Le vernis prend très-bien sur le noyer ;
nous nous dispenserons d'entrer dans de
plus amples détails sur ce bois universel-
lement connu.

L'acajou est une espèce de noyer d'A-
mérique ; on en distingue deux sortes,
le tendre et le dur. L'acajou tendre,
qu'on appelle aussi quelquefois *acajou
femelle*, est assez peu estimé, et on
en fait des meubles communs ; il est
léger, d'un tissu lâche et rempli de
pores, et par conséquent peu susceptible de recevoir le poli : cet acajou se
nomme quelquefois acajou de caisse,
par ce qu'il sert en effet à faire les
caisses dans lesquelles on envoie le sucre aux raffineries de France.

L'acajou dur présente deux variétés,
l'acajou veiné et l'acajou moucheté. Ce
bois est, en général, d'un jaune rougeâtre quand il est nouvellement travaillé ; il brunit prodigieusement en peu
de tems, et devient enfin d'un beau
rouge très-obscur ; le vernis ne fait que
retarder son brunissement, mais ne
peut l'empêcher. Une couche d'eau de
chaux le rend violet, mais cette couleur est peu durable. Ce bois étant assez
dur, est fort bon pour meubles, parce
qu'il se tache peu et garde bien son
poli. Il est veiné de brun et même de
noir ; quelquefois les nœuds lui donnent un air changeant et chatoyant,

qui produit un effet bien agréable. Il se rabote merveilleusement ; mais, comme il est souvent noueux ou ondé, il faut le varloper ou le raboter à petit fer ; sans cela, à l'instant où l'on croit terminer une pièce, on lève des éclats assez profonds. Le plus beau est celui qui, sur un fond clair, présente des veines foncées ; et néanmoins il faut avoir un très-grand usage pour connaître si, par la suite, il deviendra beau ; car, lorsqu'il est nouvellement refendu et raboté, il est difficile de juger ce qu'il sera.

L'acajou moucheté est rare et se vend plus cher que l'autre ; mais employé à des panneaux d'ébénisterie, il est de la plus grande beauté ; c'est le poli qui détache les mouches du fond, car lorsqu'il est fraîchement coupé. ces mouches ne semblent être que de faibles ondes et ne produisent pas un grand effet. La seule manière de le reconnaître est de voir si, à la circonférence, on remarque des espèces de trous de vers.

On peut regarder comme une troisième variété d'acajou dur, l'acajou ronceux ; c'est celui qu'on prend dans les culasses d'arbres ; les ouvriers nomment ronces ces morceaux refendus à une ligne ou environ d'épaisseur. On ne saurait décrire les accidens extrêmement variés que présentent ces morceaux ; c'est le hasard qui les procure. On fait refendre par paires et on place symétriquement en regard les morceaux qui ont du rapport, afin d'en former une espèce de dessin régulier et gracieux.

L'acajou bâtard ne ressemble au véritable que par la couleur ; il est très-compacte, très-dur et contient beaucoup de résine ; il ne brunit pas autant que les autres.

L'acajou nous arrive de l'Amérique en billes, c'est-à-dire en grosses pièces, dont quelques-unes portent jusqu'à un mètre carré, sur une longueur de cinq, six et même sept mètres de longueur. Les ébénistes ou les marchands, en achetant ce bois, sont très-incertains sur les qualités qu'il aura, attendu qu'on ne peut le reconnaître parfaitement que lorsqu'il est refendu au cœur.

Nous ne parlerons pas des autres bois exotiques dont on fait le placage pour la marqueterie. Le cadre étroit que nous nous sommes tracé ne nous permettra de dire que fort peu de chose

sur cet art, dont il est pourtant nécessaire que le menuisier en meubles ait
quelque connaissance, et nous préférons,
ne pouvant tout dire, donner quelques
aperçus sur la manière de travailler.
Nous terminerons donc ici le chapitre
des bois, non qu'il y ait encore beaucoup de choses à dire, mais parce que
nous pensons que ce que nous en avons
dit pourra servir d'abord au menui-
sier-ébéniste, sauf à lui à faire des essais.
La société d'encouragement pour l'industrie nationale accueille avec em-
pressement les découvertes utiles faites
en ce genre, et donne des récompen-
ses aux artistes; c'est ainsi qu'elle a
accordé des médailles pour la fabrication de meubles plaqués et vernis, en
marronnier d'Inde, en bouleau et autres bois sur lesquels on n'avait pas
encore fait d'essais.

CHAPITRE II.

§ Ier. COLORATION ARTIFICIELLE DES BOIS INDIGÈNES.

—

Le goût des couleurs foncées, assez généralement répandu, a rendu nécessaire l'application, sur nos bois, de divers mordans ou caustiques qui en rembrunissent les teintes. Quelques-uns, tels que la loupe de frêne, la loupe d'orme, le noyer roncé et l'if, n'ont besoin d'aucuns secours étrangers pour briller de tout leur éclat ; mais la loupe de frêne blanche, la coupe d'érable, celle d'aulne, de chêne, les ronces du peuplier, du merisier et autres bois peu colorés nécessitent l'emploi d'un moyen quelconque de coloration, si l'on tient à avoir une couleur foncée.

En général les bois qui servent au

menuisier en meubles et à l'ébéniste,
se livrent rarement sous la teinte que
la nature leur donne. Le noyer seul
semble faire exception. On peint le bois
suivant le goût de celui pour le quel il
est mis en œuvre. Les bureaux, tables à
écrire, serre-papiers etc., se peignent en
noir; les corps de bibliothèque en rouge,
les lits communs de diverses couleurs, etc.
Le bois est totalement caché sous ces
couleurs épaisses ; l'œil le plus exercé
ne saurait reconnaître son essence. Nous
nommerons cette manière de faire, *peinture*, tandis que nous emploîrons le
mot *teinture* lorsqu'il s'agira de ces couleurs légères et transparentes qui, pénétrant dans l'intérieur des pores du bois
ne le recouvrent pas tellement, qu'elles
ne laissent paraître son veinage. C'est
sur ces teintures qui, par leur adhérence,
permettent de donner un poli parfait,
qu'on applique la cire qui colore encore
davantage, qui éclaircit les nuances, qui
conserve le bois en le garantissant du
contact de l'air et de l'humidité, et, pendant quelque tems, de la piqûre des vers.
Les peintures apportent sur le bois la
couleur qui forme leur base; ce en quoi
elles sont différentes des acides qui pro—

dluisent, par leur application, des couleurs qu'ils n'ont point; comme, par exemple , l'acide nitrique , qui est incolore , produit la couleur noire sur l'érable , le roux sur le buis, le fauve-clair sur l'alisier , etc.

Les peintures sont à peu près toutes connues , et il reste peu à découvrir sur cet objet : mais il n'en est pas de même de l'emploi des acides; nous en sommes aux premiers pas. L'art de l'ébénisterie attend encore les secours de la chimie et de l'expérience. De nouvelles combinaisons amèneront de nouveaux résultats. On ne pourra d'abord marcher qu'en tâtonnant, jusqu'à ce qu'une analyse savamment faite des principes constitutifs de chaque espèce de bois , ait enseigné à l'avance que telle ou telle substance y entre dans telle ou telle proportion. Alors on pourra dire : tel acide répandu sur ce bois , en se combinant avec tel acide , devra produire telle couleur; jusque là il n'y aura pas de théorie certaine, mais seulement une pratique plus ou moins éclairée : nous dirons , en attendant, ce que l'expérience nous a fait voir , et ce que nous avons appris des ouvriers habiles et qui savent raisonner leur art. En invitant nos lecteurs à poursuivre les découvertes, à faire des essais, à s'efforcer d'augmenter le nombre des faits connus.

Nous ne parlerons pas à nos lecteurs de la peinture des bois, puisque tout l'art consiste à étendre avec une brosse, une peinture à l'huile, à l'essence, au vernis, à la détrempe, etc., qu'on achète toute faite, et il n'arrive que rarement aux menuisiers de se charger eux-mêmes de ce soin. Nous passerons de suite aux teintures, et nous consulterons, à ce sujet, *l'Art de l'Ébéniste*, de M. Mellet, dans lequel la majeure partie des recettes de ces teintures ont été recueillies avec discernement.

TEINTURE DES BOIS.

Teinture en bleu.

On emploie principalement l'indigo, le bois de campêche, la dissolution du cuivre et le tournesol.

Teinture par l'indigo.

L'indigo est une matière colorante,

4*

peu soluble dans l'alcool, même bouillant, mais qui se dissout très-bien dans
l'acide sulfurique concentré, surtout si
on l'a réduit en une poudre très-fine;
et si l'on favorise la réaction à l'aide
d'une douce chaleur. C'est cette dissolution qu'on emploie pour teindre les
bois.

Pour la préparer, on verse quatre
parties d'acide sulfurique concentré
sur une partie d'indigo finement pulvérisé. On délaye peu à peu la poudre
dans l'acide, de manière à en former une bouillie bien homogène ;
on chauffe le tout pendant quelques
heures dans un vaisseau de verre
et au bain-marie, dont la chaleur doit
être telle, qu'on puisse y tenir aisément
la main. On laisse refroidir, et l'on ajoute
une partie de bonne potasse, sèche et
pulvérisée; on agite ensuite le mélange,
qu'on laisse reposer l'espace de vingt-
quatre heures.

On obtient ainsi une dissolution d'indigo d'un bleu extrêmement foncé, au
point qu'il en paraît noir; mais on peut
l'amener à telle nuance de bleu qu'on
voudra, en y ajoutant plus ou moins
d'eau.

Pour faire usage de cette teinture, on la met dans un vase de grès ou de terre vernissée, et on y laisse tremper les bois jusqu'à ce qu'ils en soient tout-à-fait pénétrés, s'ils sont en feuilles minces, ou du moins à la profondeur d'une demi-ligne ou d'une ligne : ce qui exige quelquefois quinze jours ou même un mois, suivant que les bois sont plus ou moins durs et compactes.

On s'assure que l'intérieur du bois est pénétré, en coupant un petit morceau du bout, à deux ou trois lignes de son extrémité; mais s'il y avait de l'inconvénient à entamer ainsi les morceaux qu'on veut teindre, on mettrait dans la teinture, avec ces derniers, un autre morceau de pareille qualité, sur lequel on ferait des essais pour s'assurer du degré où seraient parvenus les autres. Il est avantageux de se servir de ce que nous appelons à Paris pots-à-beurre de grès, qui sont peu larges et très-élevés, pour mettre les bois à la teinture; parce qu'à raison de la forme allongée de ce vase, on peut y mettre des morceaux d'une assez grande longueur, sans être obligé d'avoir une grande quantité de teinture.

Teinture par le bois de Campêche.

Ce bois fournit une matière colorante qui est peu soluble dans l'eau, si ce n'est à la température de l'ébullition. On prépare la décoction de bois de Campêche, en faisant bouillir, pendant une heure, un ou deux hectogrammes de ce bois dans un litre d'eau; on y ajoute un décagramme de vert-de-gris, on agite bien, et l'on y met le bois à teindre : on l'y laisse tremper pendant plusieurs jours. On obtient un bleu plus ou moins violet, en ajoutant dans la décoction du bois de Campêche, quelques grammes de perlasse par chaque litre de liqueur.

Teinture en bleu par une solution de cuivre.

Faites dissoudre du cuivre rouge dans de l'acide nitrique, ou bien, prenez du nitrate de cuivre, tel que le préparent les affineurs d'or et d'argent; mettez les bois dans cette dissolution, ou bien, imprégnez-en la surface avec une brosse, à plusieurs reprises et toujours à chaud; préparez ensuite une solution alcaline en faisant dissoudre un hectogramme de perlasse dans un litre d'eau. Vous passerez le bois dans cette dissolution, jusqu'à ce qu'il prenne une belle teinte bleue.

Teinture en bleu par le tournesol.

Faites dissoudre deux hectogrammes de tournesol dans un litre d'eau où l'on aura fait éteindre de la chaux; laissez bouillir le tout pendant une heure, et donnez-en plusieurs couches au bois, ou bien, si les morceaux ne sont pas trop gros, mettez-les infuser dans la dissolution.

Teinture du bois en rouge.

Les principales substances propres à cet usage, sont la garance, l'orseille, le carthame, le bois de Brésil, le bois de Campêche et le rocou.

Teinture par la garance.

Cette plante fournit au commerce une racine qui contient deux sortes de matières colorantes : l'une fauve, très-soluble dans l'eau, et l'autre, rouge, qui est beaucoup moins soluble. Le bois de garance se prépare par une simple infusion, en prenant garde de ne pas le faire bouillir, car la couleur s'altère à ce degré de chaleur.

Avant de teindre le bois, il est bon de le faire tremper, pendant quelques heures, dans une dissolution d'alun ou d'acétate d'alumine ; on prépare ensuite la solution de garance, en mettant un hectogramme de cette racine en poudre, par chaque litre d'eau, plus ou moins. On avive, si l'on veut, la couleur du bois, en y ajoutant un peu de dissolution d'étain, et on y laisse tremper le bois à teindre, jusqu'à ce que la couleur ait pénétré assez profondément.

Teinture d'orseille.

L'orseille est une pâte d'un rouge-violet, extraite de plusieurs espèces de lichens. Cette matière est très-soluble dans l'eau qu'elle colore en rouge, tirant sur le violet. Les acides rougissent cette infusion, et les alcalis la rendent plus violette.

Pour préparer le bain d'orseille, on

délaie, dans de l'eau chaude, une certaine quantité de cette pâte (l'orseille dite des Canaries, est la meilleure), et on y trempe le bois qui a dû être préalablement aluné. Si l'on ajoute dans la liqueur un peu de dissolution d'étain, sa couleur devient plus belle et approche de celle de l'écarlate.

Teinture de rocou.

Le rocou est une pâte rouge extraite des semences du *Bixa orellana* ; sa décoction est d'un rouge jaunâtre. Pour la préparer, on coupe le rocou en morceaux, et on le fait bouillir dans une quantité plus ou moins grande d'eau pure, suivant la nuance qu'on veut obtenir.

Teinture par le bois de Brésil.

La matière colorante du bois de Brésil se dissout aisément dans l'eau bouillante, et donne une décoction d'un beau rouge. Pour le préparer, on fait bouillir, pendant deux ou trois heures, le bois réduit en copeaux ou en poudre dans dix ou douze fois son poids d'eau, plus ou moins, suivant la nuance qu'on veut obtenir. On fait bouillir dans cette dissolution, les pièces de bois, jusqu'à ce qu'elles aient pris une belle nuance rouge. Au lieu du rouge, on obtient un cramoisi ou un violet foncé, en ajoutant dans la décoction, de la potasse ou de la soude, ou un peu de décoction de Campèche.

Voici le procédé qu'a suivi M. Damesman pour teindre le bois en rouge de Brésil ou de Fernambouc. Pour chaque mètre carré de surface qu'il s'agit de teindre, il prend un hectogramme de bois de Fernambouc, et trois décagrammes d'alun qu'il fait bouillir doucement dans cinq quarts de litre d'eau, pendant une demi-heure ; il passe la décoction à travers une toile, et il la concentre ensuite, jusqu'à ce qu'elle se réduise à un quart de litre. Enfin, il ajoute quatre grammes de potasse purifiée. On peut alors y laisser tremper le bois, ou l'enduire de plusieurs couches, jusqu'à ce qu'il ait pris une couleur suffisante et parfaitement uniforme.

On obtient encore une belle couleur avec le bois du Brésil, en faisant une forte infusion de ce bois dans l'urine putréfiée ou dans de l'eau imprégnée de perlasse, à la proportion d'un hectogramme sur un litre; on ajoute la proportion d'un ou deux hectogrammes de bois de Brésil, et on laisse infuser pendant deux ou trois jours, en remuant souvent; ensuite, on tire au clair l'infusion qu'on fait chauffer, et lorsqu'elle est bouillante, on en frotte ou l'on en imprègne le bois, jusqu'à ce qu'il paraisse fortement coloré: alors et pendant qu'il est encore humide, on l'imprègne d'une dissolution d'alun formée de six décagrammes de ce sel et d'un litre d'eau. Pour teindre en rose, il faut ajouter à un litre de l'infusion de bois de Brésil, deux hectogrammes de plus de perlasse, et l'employer de la même manière. On peut rendre la teinte encore plus pâle, en augmentant la proportion de perlasse; mais, dans ce cas, il faut faire aussi l'eau d'alun plus forte. La décoction de bois de Brésil, sans alun, donne un rouge jaunâtre qui est quelquefois assez beau, et qu'on nomme capucine.

Autre teinture rouge.

Mettez les pièces qu'il s'agit de teindre, infuser dans du vinaigre pendant vingt-quatre heures. Jetez dans le vinaigre assez de bois de Brésil, pour avoir un beau rouge, et ajoutez-y un peu d'alun ; faites bouillir le tout, jusqu'à ce que la couleur paraisse bien monter, et devienne belle.

Teinture par le bois de Campêche.

On prépare une dissolution de la matière colorante rouge de ce bois, en faisant bouillir dans de l'eau les copeaux ou la poudre de Campêche, à raison d'un hectogramme environ par chaque litre d'eau ; on y met ensuite infuser les bois à teindre pendant un tems plus ou moins long.

On obtient une teinte pourpre par une forte décoction de bois de Campêche et de Brésil préparés dans la proportion d'un hectogramme du premier, sur deux décagrammes du second ; on fait bouillir ces bois, au moins pendant une heure, dans un litre d'eau. Lorsque le bois à teindre a pris un corps de couleur suffisant, on le laisse sécher, et l'on passe légèrement par-dessus une solution de quatre grammes de perlasse dans un gramme d'eau ; il faut employer cette solution avec ménagement, car elle change graduellement la couleur du rouge-brun, son point de départ, jusqu'au pourpre tirant sur le brun foncé ; c'est entre ces deux extrêmes qu'on peut obtenir la teinte désirée.

On obtient un beau rouge tirant sur le rose, avec le débouilli de laine, et l'on rend cette couleur plus foncée, en passant les bois déjà teints de la sorte, dans la teinture de bois de Brésil mêlée d'alun.

La teinture de débouilli se fait sans difficulté ; il ne s'agit que de faire bouillir de la laine teinte à cet effet, jusqu'à ce qu'elle rende une belle décoction rouge, et d'éviter de la faire trop bouillir, parce qu'alors la laine reprendrait la couleur dont elle se serait déchargée d'abord. La proportion de la quantité de laine à débouillir qu'on trouve toute préparée chez les teinturiers, est d'un kilogramme sur huit litres d'eau pour le premier débouilli auquel on en fait succéder un second, un troisième, jusqu'à ce que la laine ne rende plus de couleur.

Couleur d'acajou.

Le bois acquiert une belle couleur

d'acajou, lorsqu'on le plonge dans un bain bouillant composé de cinq hecto-grammes de bois jaune, et d'un kilo-gramme de garance par chaque litre d'eau ; sa couleur prend une teinte plus foncée, quand on y mêle du bois de Campêche (par exemple, un hecto-gramme sur trois de bois jaune, au lieu de cinq de celui-ci), et qu'on l'imprègne d'une dissolution bouillante de potasse.

On peut aussi teindre les bois en bel acajou, par le moyen d'une substance tirée du règne minéral, l'oxide de ti-tane. Pour opérer la dissolution de ce métal, on prend une partie de schorl rouge réduit en poudre fine, on le fait fondre dans un creuset avec six parties de sous-carbonate de potasse : la masse acquiert une couleur verdâtre, et, quand on la délaie dans l'eau bouillante, elle dé-pose une poudre blanche faiblement ro-sée. Ce précipité de carbonate de titane plus oxidé devient alors plus facilement soluble dans l'acide muriatique. Le bois que l'on fait bouillir avec cette dissolu-tion acide très-concentrée, s'en pé-nètre à la profondeur de plusieurs mil-limètres ; on le recouvre ensuite d'une dissolution alcoolique de noix de galle, qui précipite l'oxide et teint le bois en rouge d'acajou, dont la superbe couleur est inaltérable. Les bois poreux qui s'imbibent le plus de ces dissolutions, tels que le sapin, le noyer, etc., sont les meilleurs pour cette teinture.

Le procédé suivant a très-bien réussi sur le platane. On plonge le bois réduit en feuilles dans une solution de gomme adragante (celle des Canaries est la meilleure) par l'essence de térébenthine; on le place ensuite dans une terrine sur un bain de sable; peu à peu le bois se colore, même avant l'évaporation de l'essence. Après un peu plus d'une heure, on le retire du feu, et on laisse le tout reposer pendant la nuit. Le lendemain, le bois aura pris une teinte parfaitement semblable à celle de l'acajou, non-seulement sur la surface, mais dans l'intérieur de la pièce. Les fibres les plus denses paraîtront moins colorées; mais cette circonstance, loin de nuire à la beauté du bois, ne servira qu'à relever l'éclat de ses nuances; la teinte rouge peut être augmentée ou diminuée par l'addition ou la soustraction d'une quantité de gomme adragante, et par une digestion plus ou moins longue dans le bain.

Le bois de platane, une fois coloré, se débarrasse facilement, au moyen d'un peu d'alcool, de la gomme adragant qui s'y trouve adhérente après l'opération. L'essence de térébenthine rend le platane plus compacte et susceptible de prendre le plus beau poli.

Procédé pour imiter la couleur d'acajou.

On fera d'abord une bonne teinture rouge avec du bois de Brésil qu'on fera bouillir dans de l'eau avec un peu d'alun; on y ajoutera un peu de potasse pour la foncer, on mettra de cette couleur sur les pièces qu'on veut teindre avec un pinceau, en imitant, le mieux qu'on pourra, les veines et les mouchetures du bois d'acajou, en laissant le fond de la couleur naturelle du bois; on pourra, avec un peu plus de potasse, foncer à part une certaine quantité de la même teinture, et donner des touches de brun à certaines veines, pour imiter la nature; enfin, on pourra même donner quelques coups de teinture noire, mais avec précaution, sans quoi tout serait bientôt gâté. Quand tout cela aura été fait à chaud, et que le tout sera sec, on mettra sur la pièce une couleur faite avec la *terra merita*, dans laquelle on mettra un peu de couleur rouge, jusqu'à ce qu'on ait atteint le fond de l'acajou, et l'on en couchera également partout, bien chaudement, avec un pinceau un peu fort ; mais on aura soin de renverser la pièce pour qu'elle égoutte, et que la couleur ne séjourne pas dans les angles, ce qui donnerait dans des endroits plus de brun qu'il n'en faut d'après la direction des veines.

Quand le tout sera fait, on verra les veines au travers du fond ; on pourra les relever encore avec les mêmes couleurs à chaud et avec un pinceau de poil ; on mettra beaucoup d'attention et de soin à cette dernière opération, si l'on veut atteindre la perfection ; on polira ensuite avec de la cire, en l'étendant bien, frottant avec force et n'en laissant que le moins possible.

Autres couleurs rouges.

Pour rehausser la couleur du bois de cerisier, afin de le foncer en acajou, on prendra un lait de chaux très-épais, dont on appliquera des couches à plusieurs reprises avec des brosses. Dès qu'elles seront sèches, on frottera le bois avec une brosse dure, pour enlever la chaux, et, s'il en reste encore quelques molécules dans les pores du bois, on l'enlèvera avec une éponge imbibée d'eau ; on achevera de donner le lustre au bois, en le polissant au bouchon avec de l'huile.

Le meilleur vernis et celui qui se maintient le plus long-tems sans s'érailler, comme le vernis de copal, est, dit l'auteur de ce procédé, celui que nous avons employé nous-mêmes avec succès sur une bibliothèque que nous avons teinte pour notre propre usage. Nous mêlons une partie de cire blanche fondue à huit parties d'huile de pétrole rectifiée. On recouvre le bois teint avec une légère couche de ce mélange (tandis qu'il est encore un peu chaud) appliqué par une brosse de blaireau ; l'huile de pétrole s'évapore et laisse le bois recouvert d'une lame très-mince de cire : on polit avec une brosse ou un morceau de vieux drap. Le bois prend le plus beau poli et produit un effet très-brillant.

On a un procédé en Allemagne pour teindre en rouge les bois destinés à des meubles ou à des objets de luxe. On prépare une poudre dont le mélange singulier est jugé néanmoins indispensable pour la bonne réussite ; on prend deux parties égales de pierre-ponce et d'alun brûlé bien pulvérisées et passées au tamis ; on ajoute une demi-partie de calamine en poudre très-fine, de poussière de brique ou de tuile réduites en poudre impalpable, et du vitriol martial (sulfate de fer) calciné au rouge, et également pulvérisé. Ce mélange étant formé le plus exactement possible, on l'applique pour polir sur un vieux morceau de drap.

On prépare ensuite la liqueur teignante avec un kilogramme et demi de laque en bâton qu'on fait bouillir dans six litres d'eau jusqu'à ce que toute la couleur en soit déchargée ; on ajoute à la liqueur décantée un hectogramme de garance en poudre, et l'on fait bouillir le tout de nouveau jusqu'à ce que le mélange soit réduit aux trois quarts ; on prépare enfin une autre liqueur avec un hectogramme de cochenille, un hectogramme de graine de kermès et un demi-hectogramme de morceaux d'écarlate ; on fait digérer le tout dans un matras de verre, avec deux litres d'eau et trois décagrammes de potasse, qu'on aura fait dissoudre dans un décilitre d'eau, et l'on combine la digestion jusqu'à ce que toute la couleur en soit extraite ; on filtre cette liqueur comme la précédente, et on les mêle ensemble ; on ajoute ensuite de l'acide nitrique affaibli, jusqu'à ce que le mélange ait développé la nuance désirée. C'est avec ce mordant qu'on enduit les bois blancs pour les teindre. On peut rehausser la couleur de ceux qui ont une couleur naturelle brune légère : on garantit la durée de cette couleur en l'enduisant d'une couche du vernis encaustique déjà cité, ou bien de vernis de copal ou d'ambre.

Teinture des bois en jaune.

On peut colorer les bois de cette nuance avec la gaude, le bois jaune, le fustel, le quercitron, la graine d'Avignon, le curcuma, etc. On fait simplement une décoction d'une ou plusieurs de ces substances, et l'on y met tremper les bois que l'on veut teindre. On donne plus de vivacité à la couleur du bois de gaude en y ajoutant un peu de soude ou de vert de gris, et l'on avive celui du bois jaune en y faisant bouillir des rognures de peaux ou de colle-forte.

Pour teindre avec le rocou, on coupe cette pâte coloriée en morceaux, et on la fait bouillir pendant un quart-d'heure avec les trois quarts de son poids, ou même son poids entier, de bonne potasse du commerce : c'est dans cette décoction qu'on met infuser le bois à teindre. Cette liqueur se conserve long-tems sans s'altérer.

Pour obtenir une couleur jaune sur le platane, on fait dissoudre de la gamboge dans l'essence de térébenthine, comme il a déjà été dit pour la couleur d'acajou. Le morceau de bois devient d'une couleur jaune d'or très-belle et très-éclatante ; les fibres et les veines prennent un ton rouge-orangé. Si l'on remplace le platane par le bois de poirier, la nuance est différente : elle approche du vert, ou plutôt du vert olive. Ainsi on peut obtenir différentes nuances en employant différentes espèces de bois avec la même substance colorante. On aura une couleur qui tiendra le milieu entre le jaune et la couleur d'acajou, en prenant deux parties de gamboge et une

partie de gomme adragante dissoutes
dans l'essence; le platane et le hêtre
fournissent ainsi une variété singulière
de tons et de nuances. Le hêtre prend
une couleur jaune noirâtre, et se trouve
toujours parfaitement pénétré partout,
s'il n'a guère plus de deux millimètres
d'épaisseur, et si l'on a soin de maintenir le bain à une température modérée
pendant quelque tems.

Teinture de bois jaune par le cur-cuma.

On donnera au bois plusieurs couches
de teinture de racine de curcuma qu'on
aura préparée en faisant digérer six décagrammes de cette racine en poudre
dans un litre d'alcool, et qu'on n'emploîra qu'après quelques jours de repos : on donnera à la couleur un œil
rougeâtre en y ajoutant un peu de sang-
dragon ; on obtiendra un jaune plus
économique, mais moins vif et moins
fort, en frottant plusieurs fois le bois
avec une décoction de graines d'Avignon ; on laissera sécher, et on impré-
gnera le bois à froid avec une eau faiblement alunée. Pour rendre ces nuan-

ces plus belles et plus durables, on frottera le bois avec une brosse, lorsqu'il aura été teint, et on lui donnera une couche de vernis de laque en grains, ou trois ou quatre couches de vernis de laque en écailles.

Teinture par l'acide nitrique.

On peut aussi teindre le bois en jaune par l'eau forte ou acide nitrique, qui donne quelquefois une fort belle teinte, mais qui est sujette à porter au brun : il faut prendre garde que l'acide ne soit pas trop concentré ; car alors il noircit le bois.

Teinture en noir.

Le noir s'obtient communément par l'union de l'oxide de fer avec l'acide gallique, et le tanin extrait de la noix de galle ou du sumac. Les sels de fer qu'on emploie à cet effet sont le sulfate ou couperose, l'acétate ou sel de Saturne, et le pyrolignate.

On prépare une infusion de noix de galle à la proportion de deux ou trois hectogrammes de ces noix en poudre sur quatre litres d'eau, et, après y avoir ajouté du sulfate de fer, on l'expose au soleil ou à une douce chaleur, pendant trois ou quatre jours. Avant de tremper le bois dans cette infusion, on le met infuser dans une décoction de bois de campêche. Le bois prendra ainsi une teinte noire très-prononcée, que l'on pourra rendre plus forte en le tenant pendant quelque tems dans la liqueur de férraille, ou *tonne au noir* des teinturiers. Ce n'est autre chose qu'une dissolution d'acétate ou de pyrolignate de fer préparée en versant sur de la tournure de fer de l'acide acétique ou pyrolignique.

Quelquefois on exécute ce procédé en une seule opération ; on prépare : décoction de noix de galle, une partie ; sulfate de fer, une partie ; bois de campêche, six parties, dans lesquelles on fait tremper le bois jusqu'à ce qu'il soit pénétré.

La couleur fauve s'obtient avec la décoction de brou de noix, qu'on fait plus ou moins forte, selon qu'on le juge à propos, en y ajoutant toujours un peu d'alun. C'est avec cette préparation qu'on donne aux bois blancs la couleur du noyer. On produit la couleur grise par une décoction de noix de galle dans laquelle on fait dissoudre du sulfate de fer en moindre quantité que pour la teinture en noir, de sorte que plus il y a de ce sel, plus le gris est foncé : la proportion ordinaire est d'une partie de ce sel sur deux de noix de galle.

Autre teinture en noir.

Le bois qui séjourne long-tems dans l'eau devient noir et paraît être brûlé ; mais il faut un laps de tems considérable pour produire cet effet. Cependant le bois ne perd aucune de ses qualités ; il devient très-dur, et tellement compacte, que les chênes et les pins qu'on retire des marais et des tourbières, en Irlande, sont tous employés pour bois de charpente. Il y a des chênes qu'on a travaillés en meubles, et qui étaient noirs comme l'ébène. En Hollande, les arbres retirés des tourbières sont employés à la construction des navires : cet effet, produit aussi par l'acide sulfurique, a donné lieu à l'expérience suivante:

Des morceaux de différentes espèces de bois furent plongés dans l'acide sulfurique ; en une demi-heure , toutes leurs surfaces furent couvertes d'une crasse jaunâtre ; le bois avait l'apparence d'avoir été brûlé, et cette teinte noire avait pénétré très-avant dans l'intérieur. Ces morceaux de bois ayant été lavés et exposés pendant quelques heures à l'air, la couleur noire pénétra encore plus loin ; une petite portion , vers le milieu, avait seule retenu le ton naturel du bois : le grain paraissait plus serré après l'opé-ration. On a ensuite frotté ces morceaux à plusieurs reprises avec de l'essence de térébenthine ; ils sont devenus encore plus durs et plus compactes, au point de recevoir le plus beau poli : la couleur prenait un ton plus beau et plus foncé qu'auparavant. Ce procédé est très-éco-nomique, et peut aisément être em-ployé par nos artistes. Il y a une autre espèce de noir qui teint parfaitement bien, et qui peut mener à d'autres dé-couvertes utiles : c'est le sulfure de po-tasse mêlé à des solutions métalliques.

On connaît déjà la subtilité du gaz hy-drogène sulfuré, et la facilité avec la-quelle il pénètre les corps les plus durs ; il était naturel de conclure que, com-biné avec une solution métallique, on pouvait espérer de faire pénétrer les bois par une matière colorante. On a fait digérer plusieurs morceaux de différens bois, pendant plusieurs jours, dans des solutions d'acétate de plomb, et dans des dissolutions d'argent, de cuivre, de fer, etc.; on a ensuite préparé un sulfure arsénical de la manière suivante :

Une partie de sulfure d'arsenic a été mêlée à deux parties de chaux vive dans un vase de porcelaine ; on a versé par-dessus six à huit parties d'eau bouillante. La solution a été décantée, et l'on y a introduit les pièces de bois qui avaient déjà subi l'immersion dans les solutions métalliques ; le vase fut fermé. Après plusieurs jours de digestion, on retira les pièces ; elles étaient noires.

La solution d'acétate de plomb (sucre de saturne) a produit le meilleur effet, ensuite l'argent et puis les autres métaux. Les bois mouchetés, et surtout le platane, le hêtre et le poirier avaient pris les plus belles nuances ; ce qui prouve incontestablement que les bois poreux, tels que les tilleuls, les peupliers, les saules, les sureaux, etc., se teindront avec plus de facilité.

Quoique le mélange de la chaux puisse

paraître superflu, les sulfures étant en général préparés avec les alcalis et le soufre qui produisent presque le même effet, l'expérience nous force de recommander de préférence le sulfure arsenical ainsi préparé. C'est la meilleure espèce de teinture. Le bois devient très-dur, susceptible du plus beau poli, et ne sera jamais attaqué par les vers. On ne peut faire l'opération que dans le verre, la porcelaine ou des vaisseaux de terre cuite vernissés.

Teinture couleur d'Ébène.

Faites bouillir dans un litre d'eau du bois d'Inde, jusqu'à ce que l'eau soit bien violette; jetez-y alors trois décagrammes d'alun, frottez-en le bois avec une brosse, tandis qu'elle est toute chaude. Faites infuser à une douce chaleur de la limaille de fer dans du vinaigre, et mettez-y une poignée de sel; mettez de cette couleur sur le bois déjà teint en violet, et sur-le-champ elle deviendra d'un beau noir. Pour que la couleur noire soit plus belle et plus solide, il faut ensuite donner une seconde couche de violet et une autre de noir.

Quand la pièce sera sèche, il suffira de la frotter fortement avec une toile un peu enduite de cire, elle deviendra brillante comme si elle était vernie, et pour cela il faut qu'avant de la teindre elle soit terminée. Plus le bois est dur, plus la teinture est belle. Cette recette s'emploie avec succès pour teindre en noir l'ivoire et les os.

Autre Teinture d'Ébène.

Mettez dans un pot de terre neuf un hectogramme et demi de noix de galle concassée; ajoutez-y quatre décagrammes de bois d'Inde en petits copeaux, un décagramme de sulfate de fer, et deux décagrammes de vert-de-gris. Faites bouillir tous ces ingrédiens dans suffisante quantité d'eau; passez le tout encore chaud à travers un linge, et frottez-en la pièce qui prendra sur-le-champ un beau noir. Mettez-en encore trois ou quatre couches en frottant à chaque fois quand elles sont sèches; enfin, vous frotterez fortement avec un linge un peu ciré.

Autre moyen de teindre en Noir.

Jetez dans de l'eau du bois d'Inde coupé en petits morceaux, ajoutez-y un peu d'alun, et faites bouillir le tout, ce qui donnera une forte teinture violette; mettez plusieurs couches de cette teinture jusqu'à ce qu'elle soit d'un violet noir. Faites bouillir du vert-de-gris assez long-tems dans du vinaigre, et mettez-en sur le bois autant de couches qu'il en faut pour produire un beau noir.

Autre.

Mettez dans deux décilitres d'eau un hectogramme de sulfate de fer et quatre noix de galle, faites chauffer le tout jusqu'à ce qu'il soit prêt à bouillir. Faites dissoudre, dans de bon vinaigre, ou de l'acide acétique, quatre hectogrammes de limaille de fer; frottez-en le bois; puis mettez de la première teinture, et enfin une couche de vinaigre pur : quand le tout sera sec, polissez avec la serge.

Autre procédé pour teindre les Bois durs.

Après avoir donné aux pièces la forme et le fini qu'elles doivent avoir, appliquez-y, avec un pinceau, une couche d'eau seconde, c'est-à-dire, d'eau-forte étendue avec de l'eau. Pour juger du degré de force qu'elle doit avoir, on en portera une goutte sur la langue; si elle pique trop fort, on y ajoutera de l'eau; si, au contraire, on ne la sent pas assez, on y versera un peu d'eau forte.

A mesure que le bois séchera, il se levera beaucoup de filamens qu'on emportera en frottant la pièce avec de la pierre de ponce pulvérisée. On mettra une seconde couche, et l'on poncera de la même manière, ensuite on emploiera la composition suivante : on mettra, dans un pot de terre vernissé, huit décilitres de fort vinaigre, cinq décagrammes de limaille fine de fer, deux hectogrammes de noix de galle concassées. On fera digérer le tout pendant trois ou quatre heures sur des cendres chaudes; on augmentera le feu sur la fin. On y jettera un hectogramme de sulfate de fer, et quatre décilitres d'eau dans laquelle on aura fait dissoudre douze grammes de borax et un peu de sulfate d'indigo liquide. On fera supporter un bouillon à tous ces ingrédiens ; on mettra sur le bois plusieurs couches de cette matière, et, quand il sera sec, on n'aura plus qu'à le polir avec du tripoli et un peu d'huile. Ce tripoli s'insinuerait dans les pores, si c'était du bois tendre ; mais si le bois est dur, il ne fait absolument rien.

Couleurs composées.

Ces couleurs s'obtiendront en teignant successivement le bois de deux couleurs simples, ou en le trempant dans un mélange de ces couleurs ; ainsi la combinaison du rouge et du bleu donnera une teinte violette, celle du rouge et du jaune donnera l'orangé ; enfin, le mélange du bleu et du jaune produira le vert. On pourra varier les nuances à l'infini suivant les proportions des couleurs composantes. On obtiendra d'autres teintes par les procédés suivans :

Pour avoir une belle teinture verte,

on broyera très-fin du vert-de-gris que l'on mettra dissoudre dans du fort vinaigre ; on y ajoutera six décagrammes de sulfate de fer, et l'on fera bouillir le tout un quart d'heure dans deux litres d'eau. On se servira de cette liqueur pour teindre le bois à l'ordinaire.

Autrement. Faites bouillir dans suffisante quantité d'eau six décagrammes d'alun commun, trois d'alun de Rome ; ajoutez-y plus ou moins de vert-de-gris, selon le degré que vous voudrez donner à la liqueur, et faites-y tremper le bois. La teinture verte des ébénistes se fait communément avec les mêmes ingrédiens que ceux du bleu, auxquels on ajoute de l'épine-vinette en plus ou moins grande quantité, selon l'intensité du vert qu'il s'agit d'obtenir.

On se procure une très-belle nuance de vert pomme, en teignant d'abord les bois dans le bleu, et les trempant ensuite dans la décoction de gaude, et les laissant plus ou moins de tems, suivant l'énergie du vert que l'on veut avoir.

Le violet se prépare avec une décoction de bois de campêche, à laquelle on mêle de l'alun ; et l'on obtient des violets plus ou moins foncés, en tei-gnant d'abord les bois en rose, et en-suite en bleu, ce qui donnera le violet clair. Si, au contraire, on voulait du rouge brun tirant sur le violet, on tein-drait les bois d'abord dans la décoction de bois de Brésil, ensuite dans celle de bois de campêche.

Enfin, on aurait une bonne couleur pourpre, en détrempant du tournesol dans de l'eau, et y ajoutant de la tein-ture de Brésil faite avec de l'eau de chaux et bouillie.

En général, toutes les teintures pour les bois s'appliquent à bains froids ; ce n'est pas que plusieurs d'entre elles ne puissent être employées à chaud ; mais, comme il faut un tems assez long pour que les matières colorantes pénètrent le bois, il serait difficile de maintenir le bain à une haute température. D'ail-leurs, la teinture froide donne au bois beaucoup plus de brillant que si on l'employait à chaud.

Nous devons prévenir le lecteur que nous n'avons pas éprouvé par nous-mêmes la majeure partie des recettes que nous venons de lui donner. Nous les avons transcrites littéralement de l'ouvrage que nous avons déjà cité : cependant, tout nous porte à croire qu'elles produiront un effet satisfaisant, des raisons d'analogie et de conséquence nous ayant déterminés à y ajouter foi. Nous allons maintenant parler des acides et mordans qui colorent le bois sans addition de couleur étrangère ; et ce que nous dirons à ce sujet sera d'autant plus sûr, que nous en avons souvent fait nous-même l'épreuve.

La limaille de fer dissoute dans de l'acide acétique ou pyroligneux, donne, ainsi qu'on vient de le voir, une couleur brune, dont les menuisiers et ébénistes peuvent se servir avec avantage, surtout s'ils savent en tirer tout le parti possible ; ce à quoi ils parviendront en en modifiant les différentes teintes. Cette couleur ne produit pas les mêmes effets sur des bois de différentes essences ; et, dans chaque essence, elle est susceptible d'une gradation importante à connaître. Nous devons entrer dans quelques détails, et sur la manière de composer facilement cette dissolution de fer, et sur celle d'en faire usage. Nous pensons que les artisans éloignés des villes nous sauront particulièrement gré de nos efforts et du soin que nous allons prendre de ne nous servir d'aucun terme scientifique dans notre démonstration.

Lorsqu'on veut faire un mordant qui puisse pénétrer assez avant dans le bois pour qu'il soit possible de le raboter après son application, de le poncer et de le vernir, on prend de la boue de meule de taillandier, la plus fraîche possible; celle qui se trouve au fond de l'eau est préférable; celle desséchée, et par conséquent jaunie par la rouille, n'aurait aucune vertu. Cette boue de meule, provenant de l'affûtage d'outils en fer et acier, contient des parcelles extrêmement divisées de l'un et de l'autre de ces métaux. Quelques personnes pensent que la présence de l'acier n'est pas d'une absolue nécessité, et que du fer seul, réduit en poudre, produirait le même effet. Je ne suis pas de cet avis, et je me suis aperçu que le mordant produit par la dissolution du fer dans l'acide, ne donne pas des résultats aussi satisfaisans que lorsque l'acier lui est adjoint. On prendra donc, ainsi que je viens de le dire, de la boue de meule de taillandier : celle qu'on doit préférer est d'une couleur verte cendrée ; on la mettra, après l'avoir fait égoutter, dans une jatte ou terrine, au tiers de sa capacité, plus ou moins ; puis on versera dessus du fort vinaigre : si l'on a le choix, on préférera le rouge, de manière qu'il recouvre le tout de six lignes environ. On pourra remuer ce mélange sans qu'il y ait d'inconvénient ; mais je préfère le laisser tranquille. Au bout de quelques heures, quelquefois même à l'instant, le vinaigre commencera à bouillir, et une écume verdâtre s'élèvera dans la jatte jusqu'à ses bords. Après quatre ou cinq heures d'ébullition, plus ou moins, on retirera, en le versant avec précaution, le vinaigre de dessus la boue de meule, et on le mettra dans une fiole qu'il faudra boucher avec soin. Cette première préparation, notée *première*, servira à colorer en vert.

On versera de nouveau du vinaigre dans la terrine, et on le laissera vingt-quatre heures et plus même si le tems est humide : on retirera le vinaigre, et on le mettra, comme le premier, dans une bouteille que l'on bouchera hermétiquement. Cette seconde préparation produira une autre teinte, et sera cotée *deuxième*.

Pour obtenir le troisième mordant on remettra dans la terrine un peu de boue de meule et du vinaigre. Cette fois on abandonnera le tout dans un endroit isolé, attendu la forte odeur que l'évaporation occasionne, et l'on aura soin de le garantir de la poussière en couvrant la terrine d'une planche ou de toute autre chose. Quand l'évaporation sera faite, et le tout bien sec, on fera tomber les croûtes couleur rocou, qui tapisseront les parois du vase, et l'on versera de nouveau du vinaigre en petite quantité sur le tout, qu'on laissera encore réduire un peu. Après on le versera dans un flacon bouché avec du verre, et dans lequel on aura mis de l'eau forte, le quart à peu près de la totalité de la liqueur. Ce troisième produit servira à colorer en brun foncé, en l'appliquant, après avoir fait subir au bois la préparation que je vais indiquer : il sera coté *troisième*.

Ces différens acétates de fer, c'est ainsi qu'on les nomme, s'emploient de la manière suivante : lorsque le bois sera dressé, supposons que l'on voulût colorer un morceau de loupe de frêne, blanche, massive ou en placage, si l'on veut produire la couleur verte, on l'humectera avec le mordant n° 1er, qu'on étendra dessus avec un linge qui en sera pénétré. L'humidité que cette préparation occasionnera fera lever le poil du bois : on laissera sécher, et si la teinte est telle qu'on la désire, il n'y aura plus qu'à polir ; si elle était trop foncée, il faudrait passer sur le bois un rabot très-finement affûté, et auquel on n'aurait donné que fort peu de fer. On aura soin d'huiler ou de graisser le fer de ce rabot afin que l'acide n'ait point d'action sur lui. Lorsque le bois sera uni, on regardera la teinte ; si elle est à peu près au degré qu'on désire, on s'occupera de suite du poli.

Nous avons dit plus haut comment se donne le poli ; mais comme ce que nous avons expliqué alors se rapportait particulièrement à la loupe d'orme, maintenant nous devons parler du poli en général sur toute espèce de bois, afin de n'avoir plus à revenir sur ce sujet.

Nous supposerons d'abord qu'il s'agit de polir une pièce plaquée : il faudra d'abord enlever la colle dont le placage pourrait être recouvert, ce qui se fait à l'aide d'un outil à biseau, ciseau, fermoir ou autre ; on dresse ensuite, avec un rabot à dents, auquel on ne donne que très-peu de fer, et que l'on a soin de frotter d'huile ou de graisse, pour éviter que la colle, échauffée par le frottement de l'outil, ne s'attache après ; et comme il très - important, en faisant cette opération, de ne point lever d'éclats, on pousse le rabot de manière qu'il attaque obliquement les fils du bois.

En faisant cette opération, qu'on nomme replanissage, il faut avoir bien soin de passer l'outil également sur tous les points de la surface à polir, afin de ne produire aucun enfoncement, et en prêtant une attention soutenue à prendre toujours le fil du bois de côté et en inclinant. Si la pièce forme un angle dans lequel les extrémités du placage se rencontrent d'onglet, il faut passer le rabot sur ces endroits délicats, en prenant du bord au centre de la pièce, ou bien en suivant le côté de l'angle lorsque le fil du bois le permet. Lorsque le rabot devra passer sur un raccord, il ne faudra pas faire suivre à l'outil la direction de ce raccord, parce qu'on risquerait de faire éclater le bois, mais bien le croiser en inclinant : on conçoit qu'il n'est guère possible de donner des règles fixes à cet égard, et que l'expérience et la pratique seront les grands maîtres en cette partie.

On doit retirer le fer du rabot au fur et mesure que la pièce se dresse, de manière que, sur la fin, il ne prenne presque plus de bois. On parvient à re-planir parfaitement l'ouvrage en employant divers rabots, en ayant soin de se servir de ceux dont les fers sont cannelés, à dents les plus fines, et dont la coupe est la plus droite, pour donner le dernier degré de redressement.

On fait alors passer les racloirs. On appelle ainsi un petit outil qu'on faisait autrefois avec un morceau de lame de couteau ou de sabre, qu'on encastrait dans un morceau de bois, qu'on affûtait ensuite, et auquel on relevait le fil. On les fait maintenant d'une autre manière, ou plutôt l'ouvrier ne les fait plus, mais les achète tout fabriqués : c'est une petite planche d'acier trempé ; épaisse d'un ou deux millimètres, large de soixante à soixante-huit millimètres, et large d'à-peu-près huit centimètres. On les affûte droites sur leurs tranches, et c'est la vive arête qui coupe le bois. On fera bien de choisir ces racloirs un peu forts en épaisseur, afin qu'ils ne ploient pas dans les doigts ; ce qui est un défaut, et occasionne souvent de graves inconvéniens. Quelques ouvriers ne se contentent pas de la vive-arête, ils en relèvent le fil avec un affiloir ; mais cette opération n'a guère lieu que pour les râcloirs à fût, dont nous avons parlé en premier. On fait des râcloirs cintrés pour atteindre dans les gorges, qui s'affûtent de la même manière que les droits. On fera bien, en se servant de ces outils, de veiller a ce que les angles ne rayent pas le bois, et, pour cet effet, il sera prudent d'adoucir ces angles, afin qu'ils ne puissent causer de dommage.

Après les râcloirs on passe le papier de verre à grain très-fin ; mais cette opération est assez ordinairement inutile sur les surfaces planes où le racloir a pu prendre facilement et produire tout son effet ; c'est surtout dans les courbes et dans les moulures que le papier de verre est utilement employé.

Dans les villes les ouvriers ont plus tôt fait d'acheter ce papier tout fabriqué ; il se vend huit ou dix centimes la feuille : dans les endroits où ils n'auraient pas cette facilité, ils feront bien de le fabriquer eux-mêmes plutôt que de le faire venir de loin. Rien n'est plus facile ; on pile du verre que l'on fait passer à travers des tamis de diverses grosseurs, que l'on a soin de tenir à part et de ne point mêler. On étend ensuite de la colle-forte sur un papier fort, et qui ait de la consistance, et on le saupoudre de verre pilé, en ayant soin d'en mettre autant que possible également partout. On fait de ce papier de verre de trois grains différens : on emploie d'abord le plus gros, qui n'est jamais d'un très-bon usage, parce que le verre quitte facilement le papier, puis on se sert du moyen, puis enfin du numéro passé au tamis le plus fin ; on a soin, pour le grain fin et même pour le moyen, de secouer le papier, lorsque la poussière du bois le remplit, soit en frappant derrière, soit en le brossant.

On se sert aussi, pour polir, d'une herbe nommée presle ; si l'on opère sur un morceau plein, on l'emploie à l'eau. Pour cet effet, on a devant soi un verre ou un pot plein d'eau, dans lequel on laisse tremper un petit paquet de presle : on la secoue en la tirant de l'eau, et l'on frotte sur le bois. Lorsqu'on polit du placage on emploie la presle à sec ; mais alors il faut la tenir dans un lieu humide, ou l'humecter un peu avant de s'en servir, parce que trop sèche elle se broie entre les doigts et rend un mauvais office.

On se sert aussi pour polir, de la pierre ponce; on doit choisir celle qui est blanche, légère et poreuse; nous renvoyons sur ce qui la concerne, et pour la manière de s'en servir, à ce que nous avons dit en parlant de la manière dont on polit la loupe d'orme, page 47 et suiv.

On donne enfin une dernière perfection au poli; en employant le tripoli que tout le monde connaît, on recherche le plus fin possible, et on l'emploie à sec, à l'eau ou à l'huile, suivant le cas. M. de Beaulieu, amateur distingué, a remarqué que l'efflorescence de chaux termine admirablement l'action du poli.

Tels sont les divers moyens qu'on emploie pour polir. Il ne nous reste plus qu'à dire comment on les met en œuvre. On a vu plus haut comment on doit manœuvrer le rabot à dents qui sert à replanir; il convient maintenant d'expliquer comment on se sert du racloir dont nous avons donné la description. On le tient des deux mains, en ayant soin de l'incliner en avant. Si l'on opere sur du placage, il faut pousser le racloir en suivant le fil du bois ; en avançant plus une main que l'autre, afin que la la lame prenne le bois en biaisant ; en agissant ainsi, l'outil coupe mieux, et les fils du bois n'étant pas pris en ligne droite, sont moins sujets à se lever. Le bois raclé de cette manière, on biaise la lame dans un sens contraire, en ayant soin de ne pas appuyer davantage dans un endroit que dans l'autre, parce qu'alors l'outil darderait et sillonnerait le bois.

Lorsqu'on arrive sur les joints du placage, on doit redoubler d'attention et ne les attaquer jamais qu'en obliquant l'outil, afin de tempérer le trop vif de son action, et de ne pas écorcher, ou même emporter des parcelles de bois, ce qui pourrait avoir lieu si le racloir était guidé par une main inhabile.

Le papier de verre passe après le racloir, et doit suivre la même marche. On doit appuyer moins sur les parties tendres, s'il s'en trouve, que sur les dures, afin de conserver la surface parfaitement plane ; le papier cédant facilement à toutes les impressions de la main, on doit concevoir que son emploi doit être habilement dirigé; le tems et la pratique, l'observation et quelques fautes commises instruiront mieux encore que nos leçons.

Après le papier de verre le poli est presque suffisant, mais il présente un aspect terne; le vernis s'y appliquerait mal, et les couleurs du bois ne ressortiraient pas dans toute leur beauté. Il faut donc passer la ponce pour donner le brillant.

Avant d'employer ce moyen, il faut préparer le bois à recevoir cette opération, ou peut l'enduire de bonne huile d'olive qu'on étend avec un tampon, en faisant en sorte qu'elle ne soit nulle part assez abondante pour traverser le bois si l'on opère sur du placage, ou bien, et mieux encore, on met bouillir dans une terrine, de l'huile de lin dans laquelle on met une quantite égale de térébenthine de bonne qualité; on décolore ce mélange en y plongeant une croûte de pain brûlée réduite en charbon, et si l'on veut donner au bois une teinte rosée, on y ajoute une forte pincée d'orcanette qu'on laisse bouillir avec l'huile et la

térébenthine. Lorsque le tout est refroidi, on étend de cette huile, ainsi
préparée, sur le bois avec une petite
éponge ou un tampon de linge, et le
vernis s'applique ensuite plus facilement. Lorsque cette huile, ou, à son
défaut, l'huile d'olive pure, est étendue 'sur le bois, on le frotte, soit avec
un morceau de pierre ponce bien dressé,
soit avec une râpe, soit par tout autre
moyen qui réunisse les qualités dont
nous avons parlé plus haut : on ponce ordinairement dans un seul et même sens,
en évitant de croiser les traits, et l'on
finit en faisant suivre à la pierre le fil
du bois. Nous devons prévenir le lecteur que cette indication n'est pas absolument de rigueur, et que chacun peut
suivre sa méthode ; l'essentiel étant que
la pièce soit bien également poncée
dans tous les sens.

Avant de vernir, il faut sécher l'huile
avec le tripoli ; mais, comme nous avons
déjà expliqué plus haut, page 50, comment se fait cette opération, nous y
renvoyons le lecteur, en le prévenant
toutefois que l'assèchement se fait plus
facilement lorsqu'on a employé l'huile
de lin, que lorsqu'on a poncé à l'aide

de l'huile d'olive. Nous renvoyons également le lecteur à ce qui a été dit plus haut, pour ce qui concerne le poli à l'eau, qui ne se pratique guère que sur les meubles communs, ou qui doivent être recouverts de cire. Les bois tendres se poncent à sec.

HERBORISATION ARTIFICIELLE DES BOIS.

Nous avons dû dire comment s'obtient le poli, en thèse générale ; mais dans les cas particuliers où l'on veut enrichir un bois à fond uni de teintes artificielles, ou ajouter aux teintes déjà existantes, ou bien encore imiter le roncé dans un endroit uni qui déparerait une pièce, ou obligerait de mettre au rebut une feuille de placage, d'ailleurs agréablement dessinée par les mains de la nature, il ne faudra pas attendre pour faire cette opération que le poli soit achevé, mais bien s'y prendre lorsque la pièce sera dégauchie, replanie, et que le racloir et le papier de verre gros grain, en auront uni les surfaces, en se gardant bien de poncer à l'huile ni avec un corps gras qui neutraliseraient l'action des acides. Ainsi, si l'on voulait polir avant de dessiner sur le bois, il faudrait le faire à sec ou à l'eau ; ce que je ne conseille nullement parce que ce serait du tems et de la peine perdus, vu qu'il faudra toujours poncer après l'opération dont nous allons rendre compte.

L'herborisation se fait avec des acides de différentes natures, suivant l'essence du bois sur lequel elle doit avoir lieu. L'acide nitrique agit peu sur le noyer, sur le frêne, sur l'alisier ; il réussit fort bien sur l'érable, sur le chêne, sur le prunier ; passablement sur l'if ; l'acétate de fer, dont nous avons parlé plus haut, produit un très-bel effet sur le frêne, sur l'alisier et quelques autres bois ; son effet est plus général que celui de l'acide nitrique, et la majeure partie des bois est soumise à son action. Cependant, comme il faut choisir un bois quelconque, sur lequel nous ferons notre démonstration, nous supposerons d'abord que nous avons à produire le roncé sur un morceau de loupe de frêne, dont le bois mêlé ou ondé ne présenterait d'ailleurs aucune espèce de nodosités.

Lorsque la planche sera dressée et aura reçu le poli préparatoire dont il vient d'être question , on prendra un morceau d'acier peu pointu , afin qu'il ne raye point , ou bien même une plume, un pinceau, ou une ente de pinceau en baleine, qu'on trempera dans l'un des trois acétates que nous avons numérotés 1 , 2 et 3 , et l'on dessinera des racines sur le bois. Il est bon de répandre d'abord une grosse goutte, et de tirer de cette goutte des rayons divergens avec la plume , le pinceau ou l'instrument dont on aura fait choix. Les dessins doivent être des linéamens très-déliés , parce qu'ils grossissent toujours assez en pénétrant dans le bois. Lorsque le premier jet sera fait et sec , on pourra, par les mêmes moyens , en faire un autre en croisant les traits autant que possible, et en évitant pour cette seconde façon , de se servir du même numéro d'acétate , ou bien en se servant d'eau-forte ou de tout autre acide. On fera ensuite des points figurant des nœuds. Il faut du goût et de l'habileté pour que ces dessins offrent une imitation parfaite de la nature. Dans cet état , et lorsque tout est sec , on passe dessus le papier de verre. Si les dessins ne plaisent pas à l'œil ou sont trop égaux de ton, on leur donne encore une façon, on retouche à l'embranchement des racines, on met des points aux endroits où les traits se croisent. Les corps gras neutralisant l'effet des acides, on emploîra l'huile d'olive pour se réserver des blancs ou clairières. Comme à mesure que l'on polira, les traits s'amoindriront, il faudra les repasser ou les repointer suivant les cas. En général, je conseille d'être avare de ces dessins et d'en surcharger la pièce le moins possible; moins le bois en est couvert plus l'imitation de la nature est facile. On doit, autant que possible, suivre les fils du bois, ou les veines naturelles s'il en existe. L'artifice doit accompagner la vérité, et se mêler avec elle pour tromper plus sûrement l'œil de l'observateur; il faut prendre un nœud naturel, s'il se rencontre, pour point de départ des ramifications artificielles; revenir sur un trait, lui donner du foncé dans un endroit, le tenir clair dans d'autres, éviter soigneusement les lignes droites et roides et toute espèce de symétrie, avoir soin que le dessin ne s'arrête pas aux moulures , mais au contraire qu'il les tourne et ait l'air de les traverser. Le goût est un grand maître, il guidera mieux l'ouvrier que toutes nos leçons. Cependant nous avons cru devoir les lui donner, afin de lui faire connaître les moyens à employer pour le mettre en usage. Cet art de dessiner sur les bois est , ainsi que nous l'avons dit souvent, très-utile pour assortir un morceau à un ouvrage presque confectionné, et qui serait retardé faute d'une matière convenable; c'est enfin une perfection qui coûte peu à acquérir.

Mais nous ne pouvons nous le dissimuler ; celui-là seul pourra herboriser agréablement un bois, qui ne sera pas d'ailleurs étranger à l'art du dessin , et il se rencontre peu d'ouvriers qui sachent dessiner. Il convient donc de leur dire comment ils pourront décorer leur bois de ronces et racines artificielles, sans être aucunement dessinateurs.

Supposons qu'on voulût roncer un tiroir de commode ou le devant d'un secrétaire : on posera la planche contre un mur ou tout autre appui , de manière qu'elle soit assez inclinée, ainsi qu'on le voit pratiquer par les relieurs qui veulent nuancer leurs peaux ; on fera jaillir de l'eau sur cette planche , à l'aide d'une brosse, d'une éponge, ou de tout autre objet. On aura soin de se tenir éloigné, afin que cette eau puisse se diviser et tomber sur le bois en pluie fine ; les gouttes trop grosses ne tarderont pas à suivre la pente des planches, à se rencontrer entre elles et à couler ; on trempera alors la même brosse, ou une autre à ce destinée, dans l'acétate de fer, et on répétera la même opération en se tenant à la même distance. Les gouttes d'acétate qui tomberont sur les endroits non humides s'y arrêteront et formeront des points noirs ; celles qui tomberont sur les endroits mouillés s'étendront et donneront une couleur plus pâle ; celles enfin qui tomberont dans les endroits où l'eau est abondante et coule, coloreront très-légèrement le bois en coulant avec elle, et figureront des nervures, des racines, etc.

Si l'on voulait varier encore la couleur , on pourrait asperger le bois avec de l'acide nitrique ou de l'acide sulfurique ; mais assez ordinairement l'acétate de fer produit à lui seul un assez bon effet. On ajoutera à cet effet en posant la planche de manière que les nervures la parcourrent par sa diagonale, ou, comme disent les ouvriers, *de corne en coin.*

CONSIDÉRATIONS GÉNÉRALES SUR LES BOIS.

Le bois se tourmente encore long-tems après qu'il a été abattu ; il se fend, se gerce, se contourne, diminue de volume ; les ouvriers désignent cet effet par le mot *travailler* ; ils disent qu'un bois travaille lorsque, n'étant pas encore parfaitement sec, il change de forme après avoir été ouvragé. Cet effet est facile à remarquer dans les panneaux, les dessus de table, les longues traverses, les assemblages, qui se voilent, se fendent, se gauchissent ou se disjoignent. Cela vient de ce que la sève, en s'évaporant, laisse vides les endroits qu'elle occupait, et que le bois se resserre sur ces vides.

Lorsqu'on scie une bûche, on remarque assez ordinairement des cercles à peu près concentriques qui sont formés par les couches annuelles ; on peut dire approximativement l'âge des bois à l'inspection de ces couches, en comptant une année pour chacune d'elles. Indépendamment de ces couches, le bois est encore parfois veiné de traits divergens partant du centre et venant aboutir à la circonférence. Ces traits se nomment *mailles* ou *nervures*, et l'on pense que ce sont ces nervures qui alimentent les diverses couches annuelles qu'elles traversent.

Le bois, lors du retrait qu'il éprouve en se desséchant, ne perd pas visiblement, quant à sa longueur : sa plus grande diminution a lieu sur son diamètre. Cet effet a principalement lieu lorsque sa dessication est lente et graduelle; lorsque cette dessication est trop hâtée, le bois n'y résiste pas, et son adhérence cédant à la force du retrait, il se fend et se gerce. C'est surtout dans les bois forts et compactes que cet effet se remarque davantage. La gerce pénètre d'abord jusqu'au cœur de l'arbre, et s'ouvre toujours davantage à mesure que le bois sèche : on pare à cet inconvénient de plusieurs manières.

Un moyen de donner de la qualité au bois, c'est, lorsqu'on est à même de le faire, d'écorcer sur pied le bois qu'on veut abattre, un an avant de le couper; par ce moyen, le bois devient très-dur, et son aubier même acquiert un degré de dureté qu'il n'a pas coutume d'avoir. Si l'on ne peut écorcer, ce qui arrive le plus souvent, il faut avoir soin que le bois qu'on destine à être travaillé ait été, autant que possible, abattu dans l'arrière-saison, quelque tems après que les premiers froids ont fait tomber les feuilles, ou bien encore lorsque la neige couvre la terre. Le bois coupé dans les derniers jours de l'hiver est moins bon, parce qu'avant que le bourgeon paraisse, la sève est déjà en mouvement, et commence à se répandre dans les pores du bois.

Que le bois ait été écorcé un an avant ou qu'il ait conservé son écorce, il ne faudra pas l'exposer à un air trop vif et trop séchant. Après avoir coupé les morceaux de longueur et les avoir ébranchés, en laissant après le tronc un pouce ou deux de branche, on descendra ce bois dans une cave qui ne soit pas trop humide, ou on le rentrera dans un cellier frais. Il ne faudra pas ôter l'écorce du bois fraîchement abattu : on lui ferait tort. Cette opération n'est profitable que lorsqu'on l'a faite l'arbre étant sur pied, et, ainsi que nous venons de le dire, un an avant l'abattage. On veillera autant que possible à ce que le bois rentré dans le cellier ou descendu à la cave ne touche pas la terre par son flanc, ce qu'on évitera, soit en le couchant sur des chantiers, soit en le plaçant debout ; on aura soin aussi de garantir le bois des rayons de la lumière en le recouvrant dans le cellier de branchages, de paille, de fagots ou autres objets.

Lorsque le bois aura été un an dans cet état, on pourra découvrir celui du cellier, et monter le long des marches de la cave celui qui y aura été descendu, et on l'amènera peu à peu à pouvoir être placé à l'ombre sous un hangar, où on le laissera accessible à l'air libre ; après deux ans, on peut l'entrer dans la boutique et le placer parmi d'autres bois. Quelques menuisiers montent les bois au grenier où ils sont exposés à la chaleur et au grand air ; mais cela ne peut avoir lieu qu'à la troisième année, et en agissant ainsi afin d'opérer une dessiccation parfaite, ils risqueront encore de faire fendre le bois.

Lorsqu'on ne veut ou qu'on ne peut attendre aussi long-tems, et qu'il s'agit de petits objets, on débite le bois en morceaux d'une grandeur proportionnée aux ouvrages auxquels on le destine, et on le fait bouillir dans une lessive de cendres de bois neuf; on laisse ensuite sécher ces morceaux à l'ombre. On prétend que cette recette est infaillible; mais nous devons à la vérité de convenir que nous ne l'avons jamais mise à l'essai. On prétend aussi qu'en plongeant le bois dans l'huile de noix bouillante, et l'y laissant quelque tems, on lui fait acquérir tant de force et de compacité, qu'il devient dur et incorruptible. On prescrit de ne le laisser que peu de tems (un bouillon ou deux), parce qu'un trop long séjour en altérerait la bonté.

On raconte qu'un menuisier d'Hanovre a trouvé le moyen de dessécher promptement les bois verts, en faisant parvenir dans une caisse où il les renferme de la vapeur d'eau bouillante. Nous ne faisons qu'indiquer ce procédé, parce que d'abord nous n'avons pas été à même d'en vérifier l'exactitude, et qu'ensuite nous ne croyons pas que de si grands préparatifs puissent convenir à nos menuisiers, qui aimeront mieux s'en rapporter au tems pour obtenir un desséchement lent, mais assuré. Il ne s'agit, pour avoir toujours des bois secs, que de faire une bonne provision, et de ne commencer à se servir d'un bois que lorsqu'il a fait son effet. Quant à la piqûre des vers qui attaquent particulièrement les bois fruitiers en grume, nul doute que l'on ne parvienne à s'en garantir par l'ébullition ou par les bains alcalins ou de fumigation ; mais aussi quel embarras ne causent pas ces moyens ! L'ouvrier aura-t-il toujours l'emplacement et les ustensiles nécessaires ? et ne convient-il pas mieux de lui indiquer le moyen suivant, que nous avons éprouvé, et qui nous a toujours réussi?

On sait que le ver est le produit d'un œuf qu'un insecte ailé quelconque dépose sur les bois, soit dans le grenier, soit sous le hangar. Le ver éclot dans l'écorce et s'y nourrit long-tems avant qu'il ait pris assez de force pour pénétrer dans le bois. Il ronge la partie supérieure de l'aubier attenante à l'écorce ; il y trace de longs sillons, et enfin, ayant pris tout son accroissement, il pénètre dans l'intérieur du bois. Pour le garantir de ces ravages, il suffit de l'écorcer vers l'automne de l'année où on l'a laissé exposé à l'air libre; pendant l'été, les œufs ont été déposés et sont éclos vers l'automne, et on les enlève avec l'écorce. L'année suivante, les vers nouvellement éclos ne trouvant pas de nourriture sur une surface unie et dure, meurent sans pouvoir l'attaquer. Ce moyen d'écorcer les bois après un an ou deux d'abattage, n'a jamais déçu notre espoir.

Nous avons prévenu la gerce des bois, en collant, sur les bouts nouvellement coupés, des ronds de papier, que nous avons ensuite enduits d'huile d'olive.

CHAPITRE III.

DES VERNIS.

—

Les vernis blancs transparens, dont l'usage s'est fort répandu de nos jours, ont, sur la cire et les autres moyens employés jadis pour conserver au bois ses belles teintes, un avantage ou plutôt plusieurs avantages précieux. Ils font ressortir les couleurs ; ils conservent celles trop fugaces ; ils garantissent le bois des impressions de l'air ; ils le mettent à l'abri de la piqûre des vers ; ils donnent la facilité d'entretenir sans peine les meubles qui en sont revêtus, propres et luisans, la poussière ne s'y fixant pas, et pouvant être enlevée par un simple souffle.

Nous allons donner à nos lecteurs

plusieurs recettes à l'aide desquelles ils pourront faire leur vernis; mais nous devons les prévenir que cette fabrication n'est pas sans danger, et qu'on a plusieurs exemples de malheurs causés par l'imprudence de ceux qui se sont livrés à cette manipulation. Nous pourrions, entr'autres, leur raconter la fin tragique d'un ébéniste célèbre, fin cruelle et douloureuse dont nous avons été témoin. Ce malheureux a été brûlé par son vernis, qui s'est enflammé et s'est répandu sur lui comme un fleuve de feu. Il ne voulait confier à personne le soin de le confectionner, parce qu'il prétendait que personne ne le faisait aussi bien que lui. Cet homme avait quelque raison; le vernis qu'on achète est rarement aussi bon que celui qu'on fabrique soi-même, parce que l'appât du gain est cause que le marchand apporte souvent dans son mélange une économie qu'il se flatte de cacher par une adroite et savante exécution.

Qu'on fasse donc soi-même son vernis, si l'on ne peut trouver à en acheter de bon; mais qu'on prenne bien des précautions; qu'on suive exactement tous les conseils de la prudence, qui consistent à n'employer que rarement des bouteilles de verre, mais bien des bouteilles de fer-blanc; à ne pousser le feu que modérément, à se servir plutôt du bain-marie que du bain de sable, toutes les fois que le choix est permis ; à se tenir toujours éloigné du feu, et à n'enlever le vernis chaud qu'avec les plus grandes précautions ; ces conseils donnés au lecteur pour l'acquit de ma conscience, j'entre de suite en matière.

On prend deux parties de mastic mondé et une de sandaraque, qu'on pulvérise le plus finement possible ; on les met dans un matras avec dix parties d'alcool rectifié, et l'on ajuste au col de ce matras, qui doit être court, un bâton assez long pour qu'il puisse plonger dans le mélange et l'agiter lorsqu'il sera nécessaire. On pose le matras dans une terrine remplie d'eau tiède, qu'on fait ensuite bouillir pendant une heure ou deux. Pendant ce tems, on agite de tems à autre le mélange à l'aide du bâton, sans toutefois remuer le matras. Lorsque les résines paraissent dissoutes, on ajoute au mélange une partie de térébenthine de Venise très-claire, qu'on aura préalablement rendue liquide en plongeant pendant quelques instans la bouteille qui la contient dans le bain-marie. Après une demi-heure de séjour dans le bain-marie, on retire le matras, en remuant toujours le mélange jusqu'à ce qu'il soit un peu refroidi. Le vernis est fait alors : il ne reste plus qu'à le soutirer.

Cette opération ne se fait que vingt-quatre heures plus tard ; on soutire, et, après avoir mis au fond d'un entonnoir de verre, un tampon de coton cardé imbibé d'esprit-de-vin, on verse le vernis immédiatement et sans s'arrêter ; au moyen de cette filtration, le vernis devient clair et limpide ; s il ne l'était pas, on filtrerait de nouveau, en employant les mêmes moyens.

Ainsi se fait le vernis. Le tems qu'on laisse le mélange dans le bain-marie est déterminé par la quantité qu'on veut avoir. Il faut le laisser chauffer plus long-tems pour deux livres que pour une : une heure et demie suffit ordinairement pour quatre livres (deux kilog.) de composition. Beaucoup d'ouvriers se contentent de laisser digérer les résines dans l'alcool, qu'ils agitent souvent, et qu'ils soumettent à une douce chaleur ou qu'ils exposent aux rayons du soleil.

On a proposé de mêler aux résines pulvérisées, pour hâter leur solution, une certaine quantité de verre concassé : l'essai qui en a été fait paraît avoir eu des résultats satisfaisans.

Mais il se rencontre des cas où l'on est bien aise de donner au bois une teinte particulière; sur la loupe de frêne ou d'érable, par exemple, un vernis coloré en jaune fait admirablement ressortir les teintes produites par les acétates dont nous avons parlé plus haut. Les parties blanches présentent un aspect doré; celles poreuses, dans lesquelles l'acide a le plus profondément pénétré, paraissent d'un beau vert. Il suffit, pour obtenir cet effet, de colorer l'alcool avant l'opération, ou bien même de mettre dans le matras une substance colorante. Ainsi, pour produire un vernis jaune, on mettra du safran ou du curcuma; pour obtenir la couleur rouge, on emploîra l'orseille et le roucou; la cochenille donne une très-belle couleur, mais il n'est pas facile de la faire dissoudre sans employer des moyens dont la description nous entraînerait trop loin. Cet ingrédient coûte d'ailleurs fort cher, et les ébénistes feront bien d'employer de préférence les deux premières substances ou toute autre plus soluble et d'un prix moins élevé.

On compose diverses sortes de vernis se rapprochant tous plus ou moins de celui que nous venons d'indiquer : nous en donnerons les recettes, parce qu'elles peuvent trouver leur application :

Vernis très-solide et résistant davantage aux frottemens :

Alcool.	15 parties
Sandaraque. . . . . . ·	1 ¹/₄.
Résine élemi. . . . . . ·	1.
Térébenthine de Venise.	1 ¹/₄.

Ce vernis s'applique en faisant un peu chauffer les pièces en cuivre qu'on y trempe ; on met une seconde ou même une troisième couche, si on le juge convenable : il est solide, d'une belle couleur, et garantit le métal de l'oyxdation.

Vernis très-beau et très-solide.

Esprit-de-vin..............	10 onc.	» gros
Sandaraque.................	2	»
Mastic mondé..............	1	»
Térébenthine claire.........	»	6
Copal trié de couleur ambrée liquéfié.................	1	»
Camphre...................		1

C'est le copal qui fait la solidité et la beauté de ce vernis ; c'est ce qui fait qu'il faut avoir bien soin d'aider son entière dissolution par tous les moyens connus , au nombre desquels on doit mettre principalement la porphirisation.

Vernis de copal avec l'éther.

Ce vernis est coûteux : il est difficile à fabriquer, mais c'est le plus beau et le plus durable de tous; il répand une odeur suave ; rien n'altère la beauté de son brillant ; c'est un vernis solide, qu'on étend sur l'ouvrage, qui ne se raye que très-difficilement. On l'applique avec un pinceau de blaireau.

Pour le faire, on réduira en poudre impalpable deux gros de copal ambré (nous disons deux gros, bien que l'on puisse en prendre davantage ou moins, pourvu que les proportions relatives soient toujours exactement gardées), que l'on introduira peu à peu dans un flacon fermé avec un bouchon de verre, et contenant une once d'éther ; on agitera le mélange pendant quelque tems, une demi-heure ou trois quarts d'heure, et on le laissera reposer vingt-quatre heures. Si, au bout de ce tems, la résolution du copal n'était pas entièrement opérée, ce dont on s'apercevrait au peu de transparence du vernis, on pourrait ajouter quatre ou cinq gros d'éther qui suffiraient pour dissoudre les parties qui n'auraient pas été réduites.

Lors de l'emploi de ce précieux vernis, si l'on s'apercevait qu'il sèche trop vite et qu'il ondule sous le pinceau, on lui conserverait plus long-tems sa fluidité en étendant sur le bois un peu d'huile essentielle de lavande au moyen d'un linge faiblement humecté de cette liqueur ; le peu qui pénétrera le bois sera suffisant pour faciliter l'application de ce vernis ; mais ordinairement il n'est pas besoin d'avoir recours à ce moyen.

La couleur de ce vernis, vue dans le flacon, tire sur un jaune vert très-pâle.

Vernis copal à l'alcool.

M. Lenormand, connu d'ailleurs par de bons ouvrages et plusieurs découvertes utiles, fait le vernis au copal avec le seul secours de l'esprit-de-vin ou alcool ; mais il exige que le copal soit choisi avec discernement, et il indique un moyen de reconnaître le copal spécialement propre à cette composition. Il consiste à verser sur chaque morceau qu'on veut employer une goutte d'huile essentielle de romarin, et à ne faire usage que des morceaux sur lesquels cette huile aura produit de l'effet, en les amollissant à l'endroit où ils auront été mouillés par cette huile.

Lorsque ce copal sera ainsi choisi, on le broîra, on le pulvérisera à la molette, et on le passera à travers un tamis de soie fine ; on mettra de cette poudre dans un verre, à la hauteur d'un travers de doigt ; on versera dessus une hauteur égale d'essence de romarin, et l'on remuera le mélange avec un morceau de bois pendant quelques minutes, au bout duquel tems le copal sera dissous sous la forme d'une masse molle et visqueuse très-épaisse ; on la laissera reposer pendant deux heures, après quoi on versera doucement deux ou trois gouttes d'alcool bien pur qu'on fera circuler sur la masse en penchant le verre dans tous les sens, jusqu'à ce que l'alcool soit incorporé. Ces premières gouttes sont les plus difficiles à faire entrer dans la composition. Après, on verse encore avec précaution quelque peu de la même liqueur ; on balance de même le verre, et ainsi de suite, jusqu'à ce que le vernis soit clair et limpide ; on laisse le tout reposer, durant quelques jours, puis on décante, et le marc non dissous peut encore servir, en y versant de nouveau de l'alcool avec les mêmes précautions.

Ce vernis, fait à froid, s'emploie avec le même succès sur le bois, sur le carton, sur les métaux.

On le fait à chaud de la manière suivante :

Esprit-de-vin.   1 litre.

Gomme laque.	2 onces un quart.
Sandaraque.	2 gros.
Copal.	1 gros.

On pulvérise les gommes, on les mêle; ensuite on met sur un feu très-doux de cendres chaudes une terrine vernissée, dans laquelle on verse deux gros de térébenthine de Venise, et, lorsque l'ébullition se manifeste, on verse les gommes. Lorsque la pâte qu'elles forment surnage sur l'essence, on la retire, on la fait refroidir, on la pulvérise, et on la met dans l'alcool, qu'on agite pendant cinq minutes : le vernis est alors en état d'être employé.

C'est ainsi que se font les principaux vernis ; mais, indépendamment des recettes que nous avons données, il en est une foule d'autres que les ouvriers mettent en pratique, chacun d'eux soutenant que sa recette est la meilleure. On en trouve également un grand nombre dans les ouvrages qui traitent de cette matière. Les Anglais, les Allemands ont des procédés particuliers. Nous ne grossirons pas notre livre de ces innombrables recettes ; mais nous terminerons ce paragraphe par l'énoncé de quelques moyens simples qui, joints à ceux que nous venons de rapporter, formeront un ensemble suffisant pour la grande majorité des ébénistes qui se contente du vernis extrêmement simple, composé de gomme laque et d'esprit-de-vin.

Après avoir pilé quatre onces de laque blonde, on la verse dans une bouteille contenant un litre d'alcool. On bouche hermétiquement cette bouteille, on ficelle le bouchon et l'on expose la bouteille aux rayons du soleil. Cette douce chaleur suffit pour faire opérer la digestion de la gomme. Si l'on opère en hiver, on se contente de placer la bouteille à proximité du feu, ou bien on la met chauffer sur un bain-marie faiblement échauffé.

Nous ne parlerons pas des vernis au succin, dont la fabrication n'est pas exempte de dangers ; nous terminerons ce paragraphe en donnant la recette d'un enduit dit *caustique*, dont certains ouvriers font un emploi avantageux.

Une livre de cire, une livre de résine, deux livres d'essence de térébenthine, une demi-once de savon bleu. Si l'on veut que l'enduit soit rouge, on fait infuser de l'orcanette dans l'essence. Après avoir mêlé ces divers ingrédiens, on les laisse se dissoudre, ou bien l'on hâte leur dissolution en les exposant à un feu doux, et en remuant toujours le tout jusqu'à ce qu'il soit froid. Lorsque le mélange est presque figé, on verse dessus une once d'huile d'amande, et un demi-litre du vernis gomme laque, dont nous venons de parler en dernier lieu. Cette composition s'étend sur le bois, le colore, lui donne une espèce de vernis, le conserve et produit un effet agréable.

Vernis qu'on peut employer sur le cuivre formant les garnitures des commodes et sécretaires.

	hect.	gr.
Alcool très-pur....................	20	
Laque en grains..................	3	
Ambre jaune ou copal porphyrisé..	1	
Sang-de-dragon....................	» 3	½
Extrait de santal rouge obtenu par l'eau..	2	½
Safran oriental..................	3	

Manière d'appliquer le vernis.

Le vernis s'applique au pinceau ou

avec le tampon, selon qu'il a été composé clair ou épais. Les marchands qui vendent les vernis, les connaissent sous ces deux dénominations : *vernis au pinceau, vernis au tampon*. Le vernis au pinceau s'applique eu plongeant le pinceau de blaireau dans le vase, en appuyant le pinceau sur les bords de ce vase pour que le pincean ne soit pas trop chargé, et en étendant le vernis sur le bois, de manière que la couche ait très-peu d'épaisseur. Lorsqu'on veut employer ce vernis sur des surfaces plates, on se sert d'un grand pinceau plat qui couvre de suite un espace de deux ou trois pouces. Les pinceaux ronds ordinaires servent pour les moulures. Lorsqu'une couche est sèche on en met une autre et ainsi de suite jusqu'à ce qu'on juge le bois suffisamment enduit.

Ce vernis produit rarement un bon effet, à moins qu'il ne soit d'une excellente qualité, et encore est-il toujours inférieur à celui qui s'étend avec le tampon ; aussi est-ce seulement ce dernier que les ébénistes emploient.

Pour former le tampon, on se procure un morceau de lainage quelconque, laine cardée, vieux tricots, etc.; on en forme une boule de la grosseur d'une noix, plus ou moins; on prend de plus, un morceau de toile élimée, assez grand pour recouvrir la laine et en faire un tampon. Lorsqu'il s'agit de poser le vernis, on prend la laine dans la main et on la pose sur l'orifice du gouleau de la bouteille, et, sans la renverser, on donne une secousse assez forte pour que le vernis saute et s'attache au lainage. Les quelques gouttes qui y pénètrent sont ordinairement suffisantes, parce qu'il faut n'en mettre que très-peu à la fois. Lorsque la laine a reçu du vernis, on l'enferme dans le linge dont il vient d'être parlé, et si le vernis le traverse sur-le-champ, et fait plaque, c'est une preuve qu'il y en a trop dans le tampon; à moins pourtant qu'on n'ait une très-grande surface à vernir, comme un panneau de lit, de commode, etc.; et alors il faudra laisser le tampon dans l'état où il se trouvera : sinon il faudra changer le linge de place jusqu'à ce que le vernis ne le traverse que par place et en petite quantité lorsqu'on frappe légèrement dessus avec un doigt. Dans cet état, le vernis est en

quantité suffisante , et il ne s'agit plus
que de l'étendre sur le bois.

, Lorsque le vernis est très-bon, on peut
de suite l'appliquer ; mais , en général ,
celui que l'on met dans cet état sur le
bois , sèche promptement , se ternit et
se raye. Il faut donc retarder sa dessiccation au moyen de l'huile, et même
la majeure partie des ébénistes commence à employer tout d'abord l'huile.

On se procure, à cet effet, de l'huile d'o-
live de première qualité; on en prend avec
une plume, et on en fait tomber une goutte
sur le milieu du tampon ; on l'étend un
peu avec le doigt , et l'on vernit de suite
en frottant légèrement le tampon sur le
bois. Le frottement ne doit pas d'abord
se faire en ligne droite , mais bien en
tournant et en décrivant sur le bois une
infinité de cercles , comme lorsqu'on
barbouille une glace avec du blanc d'Es-
pagne. Le vernis n'est pas d'abord brillant; mais bientôt, lorsqu'il est étendu
partout, et qu'on a 'repassé plusieurs
fois sur le même endroit, il se lustre et
s'éclaircit. Pour apprécier comme il faut
son effet, celui qui vernit doit placer
l'objet à vernir entre le jour et lui ,

afin de pouvoir remarquer aisément les reflets de la lumière. Lorsque le vernis est devenu brillant, on s'assure s'il est bien pris, en posant le tampon sur sa joue ; si le vernis adhère le moins du monde, cela est une preuve qu'il faut encore frotter ; s'il n'adhère nullement et qu'en touchant l'ouvrage du bout du doigt, il n'y reste aucune tache ni nébulosité, on peut estimer qu'il est inutile de frotter davantage.

On commencera par frotter vite et légèrement ; mais, à mesure que le vernis s'étend, il faut appuyer un peu davantage afin que tout le vernis renfermé dans le tampon passe sur le bois. Il ne faut jamais s'arrêter court ; mais bien filer, en enlevant, lorsqu'on veut s'arrêter. Il arrive souvent, à l'instant où le vernis sèche, que le tampon glisse plus difficilement. Si l'on s'arrête dans ce moment, on gâte tout l'ouvrage, parce que le tampon se colle, et qu'en l'enlevant, on laisse sur la place une empreinte pâteuse représentant la contexture du linge. Lors donc qu'on sent le tampon adhérer, il faut bien se garder de cesser le mouvement ; mais bien le continuer en le ralentissant et en appuyant moins.

Ainsi s'applique le vernis ; mais on réussit rarement du premier coup, à moins qu'on ne soit très-habitué à vernir, et qu'on n'ait d'excellent vernis. On fera donc bien d'avoir toujours à sa portée une bouteille d'huile, et un flacon d'esprit-de-vin, afin de pouvoir liquéfier ou épaissir à volonté le vernis. S'il prend trop vite, on y ajoutera un peu d'huile, s'il est trop long à prendre, on ajoutera sur le tampon un peu d'esprit-de-vin. On est toujours sûr de réussir par l'emploi alternatif ou simultané de ces deux moyens. Il faut toujours faire ensorte que la première couche soit d'un beau brillant ; j'ai remarqué que les couches subséquentes sont bien moins belles lorsque la première n'a pas parfaitement réussi.

Mais, malgré toutes ces précautions, il arrive souvent qu'après avoir mis deux ou trois couches, le vernis s'empâte et prend un aspect terne ; il semble à l'œil, gras et inégalement étendu ; l'huile paraît occasionner dessus une couche nébuleuse ; dans ce cas, il faut rendre le vernis plus clair en y mêlant une goutte d'esprit-de-vin ; à cet effet, on en fait tomber un peu sur le tampon, ou l'on se contente de le frotter un peu avec le bouchon qui ferme la bouteille où ce liquide est renfermé : on promène alors ce tampon par un mouvement égal sur toute la superficie de l'ouvrage. Il peut arriver, si l'on a mis trop d'esprit-de-vin, que le vernis devienne de suite absolument terne, cela ne doit point embarrasser, c'est que les couches déjà posées, amollies par la liqueur spiritueuse, se déplacent et se nivellent; on met alors une goutte d'huile sur le tampon, et le tout ne tarde pas à reprendre un aspect lustré et poli. Ceux qui vernissent pour la première fois éprouvent quelques difficultés ; mais bientôt l'habitude et l'expérience rendent cette opération facile.

Manière de rendre le lustre aux vernis anciens.

Les vernis, lorsqu'ils ne sont pas d'une bonne composition, sont sujets à se ternir au bout d'un espace de tems plus ou moins long, suivant leur qualité. Cet effet a lieu également lorsque les bois n'ont pas été assez asséchés au tripoli avant d'être vernis, l'huile finit par se frayer un passage à travers le vernis et à s'étendre dessus; bientôt la poussière s'y attache et forme croûte. Il est utile alors de savoir les nettoyer, parce qu'il n'est pas toujours commode de vernir de nouveau, les dorures et ferrures s'opposant souvent à cette opération.

Il suffit souvent, lorsque la crasse n'est pas trop ancienne, de frotter le meuble avec un linge fin replié, un peu mouillé et saupoudré de tripoli bien fin. Lorsque ce moyen ne suffit pas, on met dissoudre du savon dans de l'eau; on en fait une eau de savon très-forte qu'on étend sur le meuble avec une petite éponge, en ayant soin de vider et de laver l'éponge à chaque fois qu'on reprend de l'eau de savon. Lorsqu'on a enlevé la crasse, on essuie doucement le meuble avec un linge fin et sec.

Un ébéniste célèbre nous a fourni, à ce sujet, des renseignemens que nous transcrivons sans y rien changer.

« On entretient un vernis bien propre, en ayant soin de le frotter journellement avec du vieux linge fin, sec et

blanc. On fait disparaître les petites taches qui peuvent survenir, avec un linge
un peu mouillé, et en passant ensuite
un linge blanc·et sec. L'huile d'olive
fait aussi disparaître ces petites taches ;
mais il faut en mettre très-peu, ne pas
lui laisser le tems de pénétrer le vernis,
et sécher de suite avec un linge sec. On
remédie à des taches plus grandes par
une eau de savon bien forte, que l'on
pose sur le vernis et qu'on laisse sécher.
On aide, s'il le faut, cette dessiccation
avec l'aide du tripoli, puis on essuie le
tout avec un linge fin et sec. Quand le
vernis a souffert de cette réparation, on
le ravive avec un tampon légèrement
imbibé d'esprit-de-vin. »

Par ces moyens, on rend au vernis sa
première beauté. Lorsque le vernis est
enlevé, on ne peut lui rendre son lustre : il faut vernir de nouveau.

CHAPITRE IV.

OUTILS ET USTENSILES.

EMPLACEMENT ET DISPOSITION DE L'ATELIER.

Les menuisiers, à Paris surtout, ont rarement la faculté de disposer leur local comme il leur convient; ils prennent assez souvent ce qu'ils trouvent; il est bon, cependant, de donner quelques notions générales dont ils feront l'application lorsqu'ils le pourront; les entrepreneurs qui peuvent disposer de vastes terrains, les amateurs, les menuisiers des départemens pourront en faire plus facilement l'application.

L'atelier du menuisier en bâtimens doit avoir au moins douze pieds et demi de haut pour que les bois de douze pieds de longueur qu'il emploie souvent puis-

sent s'y placer facilement, et qu'il soit
possible de les y retourner en tous sens,
lorsque le besoin l'exige. Sa profondeur
doit être de quinze à dix-huit pieds au
moins, afin qu'on puisse y placer l'établi, que les ouvriers puissent placer leur
bois derrière, et qu'ils y travaillent à
l'aise.

L'appui de la boutique ou de l'atelier
doit être à hauteur d'établi, afin qu'on
puisse, dans le besoin, faire passer les
bois par-dessus, et les y appuyer, lorsqu'on les travaille. Un auvent d'environ dix-huit pouces ou deux pieds de
saillie, doit garantir le devant de l'a-
telier, et empêcher les eaux pluviales
de gâter l'ouvrage et les outils.

Il y a ordinairement dans les grands
chantiers, près de l'atelier, un endroit
fermé, de douze ou quinze pieds carrés,
avec une cheminée et un fourneau; et,
vis-à-vis du foyer, une banquette en
maçonnerie de quinze à seize pouces de
hauteur, revêtue au-dessus d'une pièce
de bois de trois ou quatre pouces d'é-
paisseur. Ce lieu, que les ouvriers nomment *étuve* ou *sorbonne*, sert à faire fondre et à chauffer la colle, à chauffer et
coller le bois, à le mettre sécher dans

les tems humides ; c'est là que l'on frappe et qu'on colle les joints. C'est encore le refuge des ouvriers pour prendre leur repas dans la mauvaise saison. Il doit aussi y avoir, près de la boutique ou de l'atelier, un hangar ou appentis assez grand pour y placer les scieurs de long, et y serrer le bois en provision.

La colle dont les menuisiers font usage doit être double et de première qualité. Lorsqu'on l'achète, il faut veiller à ce qu'elle soit sèche, dure, transparente, et à ce que sa cassure soit d'un brun brillant, et offre l'aspect du verre de bouteille cassée. Lorsqu'on veut la faire fondre on la broye avec un marteau : on la met chauffer sur un feu trèsdoux, en la remuant sans cesse avec le pinceau, afin qu'elle ne s'attache point et ne se brûle point. Il est plus sûr et plus commode, surtout pour les menuisiers en meubles, de faire chauffer la colle au bain-marie. Ils ont, pour cela, une marmite de fonte de fer à trois pieds, au milieu de laquelle se place un vase de cuivre étamé qui contient la colle. Cette marmite est recouverte d'un dessus, au milieu duquel se trouve un trou rond destiné à recevoir le vase contenant la colle. Ce vase est lui-même fermé d'un couvercle. La *fig.* 47 , *pl.* 3 , fera de suite comprendre comment certains chaudronniers adroits font ces pots à colle. On voit en *A* un petit gouleau par lequel on renouvelle l'eau du bain-marie lorsqu'elle est épuisée. La *fig.* 48 représente le vase de cuivre étamé où se met la colle ; le rebord *a* sert à l'appuyer sur le couvercle de la marmite de fonte, de manière qu'il ne puisse aller jusqu'au fond de cette marmite. Les petites anses *b b* servent à pouvoir l'enlever lorsqu'il en est besoin ; son couvercle, ainsi qu'on le voit dans la figure , est échancré de manière à donner passage au pinceau dont le manche se voit en *d ,fig.* 47.

Lorsque la colle est appauvrie, on lui redonne un peu de force en y versant un peu d'eau-de-vie ou de l'esprit-de-vin.

OUTILS.

On comprend sous ce titre tous les ustensiles qui garnissent la boutique du menuisier, bien que la plupart d'entre eux, tels que l'établi, les presses, les valets, les sergens, la meule, etc., ne soient pas, à proprement parler, des outils ; mais comme ces derniers tiennent le premier rang, ils donnent leur nom aux autres objets : nous commencerons leur description par l'établi, parce que c'est la première chose dont le menuisier doit se pourvoir.

SECTION PREMIÈRE. — DE L'ÉTABLI.

Depuis quelques années on a apporté de si importans changemens dans la construction des établis, qu'ils ne ressemblent plus à ceux qu'on faisait autrefois. Nous devons cependant dire comment se fait l'établi dans sa plus grande simplicité, parce que nous n'écrivons pas seulement pour les habitans des villes, mais encore pour les ouvriers des campagnes qui ne sont pas à même d'exécuter les établis à presses et à procédé, tels qu'Eremberg les confectionne dans le faubourg Saint-Antoine, à Paris. Il y a d'ailleurs une différence marquée entre l'établi du menuisier en bâtimens et celui de l'ébéniste ; et, comme cet ouvrage est destiné à renfermer ces diverses parties de l'art, nous devons de même parler des établis qui leur sont propres.

L'établi est composé d'un dessus ou table, de quatre pieds, de quatre traverses et d'un fond ; sa hauteur totale peut être de deux pieds et demi ; sa largeur varie entre quinze et vingt-deux pouces ; sa longueur est de six pieds et demi à huit pieds.

L'établi se fait avec une pièce de bois d'orme ou de hêtre qu'on nomme *cartel*. Cette table peut avoir de trois à quatre pouces d'épaisseur, et même davantage. On voit quelques tables en chêne ; mais il faut, lorsqu'on veut les faire avec ce bois, le choisir bien compacte et bien liant, sans quoi on s'expose à ce que la table se déforme par les éclats qui s'enlèvent sous les coups répétés des outils qui manœuvrent dessus ; cette table doit être bien dresée en dessus, être mise, autant que possible, d'épaisseur, et dressée sur les côtés. Les pieds, qu'on doit choisir dans de fortes membrures, seront de hêtre, mais mieux d'orme ou de charme : ils seront assemblés avec la table, à double mortaise traversant l'épaisseur de la table, le tenon de devant affleurant les côtés et taillé en queue ; ces pieds seront d'équerre et affleureront la table ; ils seront réunis par des traverses de deux pouces et demi à trois pouces, assemblées dans les pieds à tenons et mortaises chevillés. On clouera, sous ces traverses, des planches en travers qui formeront le fond de l'établi.

Ainsi se faisait l'établi : on mettait sur le côté, en avant, un morceau de bois taillé en bec-de-flûte et fixé avec des vis, dans lequel on faisait entrer la planche que l'on voulait raboter sur champ, ou que l'on voulait bouveter. Si elle était longue, on l'appuyait de l'autre bout sur un valet nommé *valet de pied* qui se plaçait dans le pied de derrière de l'établi ; si elle était courte, on la maintenait avec un morceau de bois taillé en queue d'hirondelle, et que l'on nommait *pied-de-biche*, lequel se posait sur l'établi et se fixait avec un valet qui s'enfonçait dans des trous pratiqués d'espace à la table.

Tel fut, et tel est encore dans certains lieux, l'établi de menuisier.

Le *valet* est un morceau de fer recourbé qui sert à maintenir sur l'établi le bois qu'on veut travailler ; nous devons entrer dans quelques détails sur cet ustensile important. Il a ordinairement de dix-huit à vingt pouces de longueur sur douze à quinze lignes de grosseur ; la courbure de la patte est de quatre pouces à quatre pouces et demi de hauteur ; cette courbure doit être faite de telle manière qu'étant serrée, elle ne pince que du bout de la patte, laquelle doit s'amincir insensiblement.

Lorsqu'on achète un valet, ou qu'on le fait forger, on doit frapper dessus avec un marteau, pour s'assurer s'il n'est point pailleux. Un valet bien fait doit être renforcé dans son coude, parce que c'est de là qu'il manquera, si cette partie n'est pas bien faite. On a exposé, en 1823, des valets à bascule et à levier, pour lesquels il a été pris un brevet d'invention : nous avons pensé que cet ustensile compliqué était trop sujet à détérioration pour en conseiller l'usage. Nous nous sommes contenté d'offrir à nos lecteurs les deux modèles *fig.* 10 et 13, *planche* 3, *outils d'assemblage* que nous croyons plus faciles à exécuter et d'un effet plus assuré. Celui *fig.* 13 est un valet ordinaire dont la patte est conservée un peu épaisse par le bout; on perce au milieu de cette patte un trou qu'on taraude, et par lequel on fait passer une vis de pression; il offre cet avantage, qu'on n'est pas obligé de frapper dessus pour le faire prendre; on se contente de mettre une petite cale en bois sur la pièce qu'on veut pincer, et on serre la vis: Le valet *figure* 10 est plus compliqué; la patte est mobile et faite d'un morceau séparé vu à part de profil, fig. 11; le talon de cette patte est percé d'un trou dans lequel passe une vis de pression qui appuie sur le coude du valet; le valet est terminé par un enfourchement qui reçoit cette patte à pression exacte: une forte goupille les lie ensemble dans cet enfourchement, représenté vu de face, par la *figure* 12, même planche. Lorsqu'on veut pincer avec ce valet, il suffit de le mettre en place, de poser, à sa portée, le bois qu'on veut prendre et de tourner la vis; elle fait faire la bascule à la patte, et la fait appuyer par le bout aminci; cette construction est tellement simple, que nous pensons que le premier serrurier venu l'exécutera sur le simple vu de la figure.

Quant au crochet ou griffe qui sert à arrêter et maintenir les planches que l'on rabote, il se place à trois pouces environ du devant de la table. On perce une mortaise de deux pouces à peu près, en carré, qui doit être bien perpendiculaire et bien dressée intérieurement. On y fait entrer à force une boîte que l'on fait, suivant le besoin, monter ou descendre à volonté, en la frappant avec le maillet en dessus ou en dessous. Cette boîte porte, à son extrémité supérieure, un crochet de fer garni de dents. Ce crochet doit affleurer le dessus de la boîte. On n'emploie plus guère ces crochets dans la menuiserie en meubles, on se contente de poser à demeure, sur la partie supérieure de la boîte, un morceau de lame de scie qu'on fixe dessus à l'aide de vis fraisées ; mais nous verrons plus bas comment, depuis, la griffe a été avantageusement remplacée par les *mentonnets*.

L'établi, fabriqué de cette manière, servit long-tems ; mais on reconnut enfin qu'une presse serait plus avantageuse, et que le morceau de bois fixé sur le devant de l'établi, et dans lequel on arrêtait les planches qu'on voulait ouvrer sur le champ était sujet à se disjoindre. On pratiqua deux trous au pied de devant, l'un en haut, l'autre en bas; celui du haut rond et taraudé en dedans, recevant dans l'écrou qu'il formait, une vis en pommier ou autre bois dur, pressant contre le pied une planche de quinze ou dix-huit lignes d'épaisseur, large de sept ou huit pouces formant étau avec la partie correspondante de la table de l'établi. Le trou d'en bas du pied était carré ou carré long, et était destiné à recevoir à pression exacte une traverse en bois bien dressée, assemblée avec le bas de la planche dont il vient d'être parlé, laquelle traverse servait à maintenir l'écartement égal, lorsqu'on pressait une pièce d'une certaine épaisseur. Ces presses furent une véritable amélioration. On plaça sur le devant du pied de derrière, à la hauteur du dessus de la vis de la presse, un tasseau sur lequel s'appuyait la planche à raboter ou à bouveter sur champ; la presse la tenait en respect par devant. Cette méthode est encore la plus généralement répandue; adoptée d'abord par les menuisiers en meubles et les ébénistes, elle ne tarda pas à passer dans la boutique du menuisier en bâtimens, et l'on voit maintenant peu d'établis qui ne soient munis d'une presse semblable. Mais les ébénistes, qui vont toujours en avant, et qui connaissent les perfectionnemens avant tous les autres ouvriers, ne se contentèrent pas long-tems de la presse verticale, ils préférèrent avec raison celle placée dans le sens de l'établi, qui leur permettait de pincer un morceau de bois ou un panneau de la hauteur de l'établi, et qui leur rendait d'ailleurs les mêmes services que la première; ils régularisèrent le mouvement de cette presse quant à son écartement, et construisirent d'abord leurs établis sur le modèle *fig.* 11 et 12, *planche* 1re, *établis.*

Cet établi, semblable aux autres quant à ses dimensions, fut muni d'une table plus épaisse, afin qu'il fût possible d'y pratiquer aisément le trou taraudé qu'on faisait avant dans le pied de devant de l'établi. Nous dirons plus tard comment se font les filières à l'aide desquelles on taraude l'écrou et on filète la vis de l'établi. Donnons maintenant l'explication des figures destinées à faire bien com-

prendre la structure de cet établi perfectionné.

La *fig*. 11 le représente vu en dessus ;
on y distingue les six trous livrant passage au valet ; la position de ces trous
n'est pas indifférente, et nous conseillons
de les placer suivant que nous les avons
indiqués. Ils devront suffire à tous les
besoins ; plus de trous ôteraient de la valeur à l'établi ; car c'est un moyen de
reconnaître qu'un établi a beaucoup
servi lorsque ses trous sont en grand
nombre et qu'ils sont évasés et défor-
més ; moins de trous ne rempliraient pas
les conditions exigées pour le parfait placement des trous, conditions qui sont que
la portée du valet puisse atteindre sur tous
les points de la surface de l'établi. Le
premier trou en avant sert à seconder
dans plusieurs circonstances l'action du
crochet : le dernier sert à assujétir sur le
derrière de l'établi les planches qu'on
veut refendre.

Les lignes ponctuées *a a a* indiquent
la situation des pieds et des traverses ;
celles parallèles *b* le passage de la vis
dans la table et à travers la mâchoire *c*
fig. 11, 12, 13 ; *d* est la tête de la vis

vue en dessus dans les *fig.* 11 et 13, et de face dans la *fig.* 12. Cette tête est forée, et reçoit un levier en bois ou en fer, à l'aide duquel on la fait tourner pour presser à volonté ; la traverse *e* est égale en épaisseur à l'épaisseur de la table de l'établi, contre laquelle elle doit être fixée. Sa largeur est plus ou moins forte, suivant que la manière de construire la coulisse, dont il sera ci-après parlé, sera conforme à l'un des exemples offerts par les *fig.* 14, 15 et 16 de la même planche. Les planches *f f* sont fixées après l'établi, dont elles sont distantes d'un espace déterminé par les tasseaux sur lesquels elles sont clouées : on les nomme *ratelier*, parce qu'elles reçoivent dans leur écartement les ciseaux, bédânes, gouges et autres outils, ainsi que l'équerre et le triangle, qui se place à l'arrière du ratelier, dans l'espace ombré dans la figure et réservé à cet effet.

Au moyen de la traverse *g*, *fig.* 13, lorsqu'on desserre la vis, la mâchoire de l'étau s'ouvre parallèlement au côté de l'établi, et il faut, pour obtenir cet effet, que cette traverse coule librement et à frottement doux dans la rainure qui la renferme. On conçoit qu'il serait très-difficile, pour ne pas dire impossible, de faire une mortaise de cette profondeur et d'une régularité aussi parfaite dans la table de l'établi. Dans ce cas, on pratique la coulisse, soit dans la traverse *e*, *fig.* 11, ainsi qu'on l'a représentée *fig.* 16; soit dans la partie antérieure de la table, ainsi qu'elle est représentée par les *fig.* 14 et 15. Dans ces trois *fig.* 14, 15, 16, cette partie antérieure de la table de l'établi est représentée par la lettre *h*. Que l'on fasse cette coulisse d'une ou d'autre manière, la traverse *e* se fixe après l'établi par de bonnes vis à bois ou de longues pointes. Le conducteur s'assemble carrément à tenons et mortaises collées et chevillées avec la mâchoire *c* de la presse.

Mais l'usage, qui est la pierre de touche des inventions, ne tarda pas à faire reconnaître qu'encore bien qu'il paraissait en théorie que l'angle droit formé par la traverse *g* et la mâchoire *d* de la presse, dût, cette traverse *g* n'éprouvant aucun ballottement dans la coulisse formée par la traverse *e*, maintenir la mâchoire dans un écartement parallèle au côté de l'établi; on reconnut, dis-je, que cette garantie de succès ne pouvait suffire pour contrebalancer l'action répulsive des morceaux d'une certaine épaisseur pressés dans la mâchoire. On fut obligé de chercher un point d'appui plus résistant et qui pût, concurremment avec l'effort de la traverse g, contrebalancer l'effet de la pression. La vis à pas rapides i, *fig*. 13, et l'écrou libre k, remplirent ces conditions. En conséquence, on fit une vis en bois dur moins grosse que la vis d, ou, mieux encore, en fer et plus déliée; on la fileta avec un pas très-incliné, afin que la course de l'écrou k fût plus prompte; on pratiqua dans la table de l'établi, entre l'écrou de la vis de pression d et la traverse g, un trou cylindrique d'une grandeur égale à la grosseur de la vis i, dans lequel cette vis pût s'enfermer sans que ses filets s'y imprimassent, mais cependant assez juste pour qu'elle n'y pût aucunement ballotter ni vaciller. On fixa cette vis i après la mâchoire c, soit au moyen d'une mortaise, soit par tout autre moyen, et l'on fit entrer dans cette vis i l'écrou k taraudé assez lâche pour qu'en donnant un, ou deux coups de main sur sa circonférence, on pût le faire tourner rapidement et parcourir l'espace compris entre la mâchoire et l'établi. L'écrou venant plaquer contre le côté de la table de l'établi, présenta à la pression un point d'appui qui fit que cette pression s'opéra toujours parallèlement dans toute la longueur de la mâchoire *c*. Lorsqu'on veut fermer tout-à-fait l'étau. on fait remonter l'écrou *k* jusqu'au haut de la vis, où est pratiquée une encastrure circulaire dans laquelle il se loge (1).

On connaissait depuis long-tems dans le faubourg Saint-Antoine, habité par les ébénistes, un établi fort commode qu'on nommait, on ne sait trop pourquoi, *à l'allemande*, bien que les Allemands ne parussent pas en avoir connaissance ; on réunit la vis de derrière de cet établi à l'établi à mâchoire horizontale, et l'on parvint de la sorte à ap-

(1) Cette manière d'agir est absolument la même que celle suivie dans l'étau à grand écartement de M. de Murinais, dont nous avons donné le détail dans l'*Art du Tourneur*. L'étau a-t-il précédé la presse? la presse a-t-elle fourni l'idée de l'étau? c'est une question que nous ne saurions résoudre ; mais un fait certain, c'est que le calcul est fondé sur les mêmes bases.

porter encore un perfectionnement à un établi qui ne semblait plus susceptible d'en recevoir. Les *fig*. 17, 18, 19, 20, 21, 22 de la même planche représentent ce nouvel établi : il convient d'entrer dans quelques détails sur ce qui le concerne.

La *fig*. 17 représente cet établi perfectionné vu de profil ; celle 18 le représente vu en bout. La table n'est que posée sur les pieds, afin de pouvoir être enlevée à volonté lorsqu'on veut changer l'établi de place. Les deux pieds de devant et les deux de derrière sont assemblés entr'eux à demeure, à tenons et mortaises chevillés , par les traverses A A, *fig*. 17 et 18.

Les pieds de devant sont unis à ceux de derrière au moyen des traverses à clé B B, *fig*. 17 et 18. Les traverses à demeure A sont taillées de manière à former à l'intérieur les tasseaux C C, *fig*. 17, sur lesquels on fait glisser le fond D, qui fait tiroir. La table se fixe sur les traverses supérieures A A, soit à l'aide d'un taquet ou clé en bois entrant dans une mortaise faite au-dessous de la table, soit en faisant entrer cette traverse dans une gorge de même longueur pratiquée en avant et en arrière de cette table et en dessous, soit enfin à l'aide de quatre fortes vis, ainsi qu'il est représenté par la *fig*. 18. La construction de cet établi sera facilement comprise, l'inspection de la planche à la presse de devant se faisant absolument comme celle dont nous avons donné plus haut la description. Il n'en est pas de même de la presse de derrière; son mécanisme est beaucoup plus compliqué. Nous rapporterons les diverses manières, afin qu'il soit possible de choisir, et que s'il arrivait qu'une de nos démonstrations parût obscure, une autre pût jeter du jour sur l'opération.

La presse de derrière se compose d'une forte vis de rappel se mouvant dans un écrou immobile fixé après la table de l'établi, et d'une boîte carré long qui recouvre cette vis et qui se meut avec elle. Cette boîte porte à sa partie antérieure, qui est très-épaisse, une espèce de crochet ou mâchoire en fer taillée comme une mâchoire d'étau, qui se hausse et se baisse à volonté, et qui sert à maintenir par derrière la planche qu'on veut raboter, tandis qu'un mentonnet pareil, qui se fixe dans la table de l'établi, le maintient par devant. Ces mentonnets sont représentés à part et sur une plus grande échelle par les *fig*. 24 et 25, et sont vus en place en *a b*, *fig*. 22. Comme cette boîte doit arraser avec le dessus de la table de l'établi, et qu'elle doit affleurer avec son côté antétérieur, on est obligé, pour la placer, de faire une coupure à cette table, et d'en enlever un morceau égal en largeur et en longueur à la largeur et à la longueur de la boîte, et l'on place la boîte dans cette coupure par les moyens que nous allons indiquer. L'explication des figures fera comprendre cette opération. La partie ombrée A, *fig*. 21, représente la coupe de la table de l'établi; B la coupe de la queue de l'écrou entrée à force dans la table, et fixée de plus par les deux boulons en fer C *c*, dont la tête est noyée, et qui se serrent en dessous par des écrous. L'un de ces boulons sert en outre à consolider la traverse d'arrêt D, dont il va être parlé. E F G sont les trois côtés extérieurs de la boîte assemblés entre eux à mi-bois; ces côtés doivent être faits en bon chêne de neuf lignes au moins d'épaisseur. La boîte, comme on le voit, doit enfermer exactement le carré de l'écrou B ; le quatrième côté de la boîte, celui qui glisse contre la table de l'établi, n'est pas assemblé dans toute sa longueur avec les trois autres côtés E F G ; on y fait de chaque côté une feuillure dans laquelle entrent les tasseaux H bien dressés et fixés après la table de l'établi par des vis à bois, à têtes fraisées et noyées. Ce quatrième côté est marqué I sur la figure. On soutient cette boîte en dessous par la traverse K, fixée en dessous de la table par de fortes vis, et, en outre, par le boulon C, qui la traverse à l'endroit où elle croise la traverse D, vue en bout dans cette *fig*. 21.

La *fig*. 22 représente cette boîte vue de profil, et à laquelle la planche de devant F, *fig*. 21, manque, afin qu'il soit possible de voir dans l'intérieur. A est la vis de rappel vue d'ailleurs à part *fig*. xx ; elle se visse dans l'écrou immobile B, vu ici en bout, et vient appuyer contre le devant C de la boîte, dans lequel est pratiqué un trou recevant le tourillon qui termine la queue de la vis A A, lequel tourillon est marqué *a* dans la *fig*, $x\,x$. Cette partie antérieure C de la boîte doit être d'une grande épaisseur, puisqu'indépendamment de la pression qu'elle éprouve, elle doit encore être percée d'un trou carré dans lequel s'engage le mentonnet mobile marqué *b* sur la même *fig.* 22. La partie postérieure D de la boîte est également d'une épaisseur assez considérable ; elle est percée d'un trou rond servant à donner passage à la vis A, et de calibre avec le collet *b* de cette même vis. Cette partie postérieure, ainsi que l'antérieure, sont assemblées à queue d'aronde avec les côtés de la boîte E F G, *fig.* 21, et cette dernière est en outre percée en dessus d'une mortaise devant recevoir à pression exacte la clé d'arrêt en fer représentée à part *fig.* 26 et 27, et dont nous parlerons plus bas. Cette mortaise doit traverser la partie postérieure D de la boîte dans toute son épaisseur, et se trouver située juste au-dessus de la rainure circulaire qui se trouve au milieu du collet de la vis de rappel A. Cette rainure peut être vue en *c* sur la vis représentée à part *fig.* x x. Pour maintenir cette boîte et pour assurer son mouvement, on la supporte en dessous, ainsi que nous l'avons dit plus haut, par la traverse K, *fig*. 21, qui se voit ici en bout en **E**; la traverse **D**, vue en bout, *fig*. 21, se voit de profil en **F**, *fig*. 22, et est appuyée sur une autre traverse **G** parallèle à **E**, et comme elle fixée après la table de l'établi et en dessous. La partie antérieure **C** de la boîte porte par en bas sur cette traverse **F**, et une queue entre dans l'espace compris entre cette traverse **F** et le dessous de l'établi; et, au moyen d'un retour qu'elle fait derrière cette traverse, le long de laquelle elle peut glisser facilement, elle retient la boîte plaquée contre la table, quelle que soit la tendance qu'elle éprouve à s'en écarter lorsqu'on fait mouvoir la vis de rappel.

Les choses ainsi disposées, on place la clé d'arrêt, *fig*. 26 et 27, dans la mortaise pratiquée sur le dessus de la partie postérieure **D** de la boîte, et de manière que la rainure circulaire *c* du collet *b b* de la vis *fig*. *x x* se trouve remplie par les jambes de cette clé d'arrêt, qui se trouvera posée à cheval sur cette vis, laquelle pourra tourner dans l'écartement, *fig*. 27, mais ne pourra avancer ni reculer sans entraîner avec elle cette clé, et, par suite, la partie de la boîte dans laquelle elle est engagée, et la boîte elle-même toute entière.

Si donc, à l'aide d'un levier, on fait mouvoir la vis A dans l'écrou immobile B, et qu'on la tourne à gauche pour l'ouvrir, on conçoit, en considérant attentivement la *fig.* 22, que la vis entraînera toute la boîte avec elle, et qu'ensuite, en la tournant dans le sens contraire, elle la ramènera à la même place.

Les *figures* 19 et 20 représentent une autre manière de faire cette presse. A, *figure* 19, représente le dessous de la table de l'établi; B l'écrou qui, dans cette manière de faire la presse, ne se fixe pas dans l'établi, mais simplement sur le côté postérieur de la table et à l'aide de fortes vis; C, une traverse au bout de laquelle est le trou qui livre passage au collet de la vis : on y distingue en *a* le dessous de la mortaise dans laquelle entre la clé d'arrêt, *fig.* 26 et 27; D, autre traverse parallèle à C : c'est sur son bout *b* que s'opère la pression de la vis ; c'est aussi dans ce bout qu'est situé le trou dans lequel se fixe le mentonnet mobile. Ces deux traverses D C sont unies par deux autres traverses E F, assemblées à queues, et qui passent sous la traverse H H H, posée en-dessous de l'écrou, et entaillée de deux mortaises dans lesquelles glissent, à pression exacte, les deux traverses E F; la traverse K, qui finit l'encadrement, est assemblée à tenons et mortaises chevillées avec les traverses D C, et appuie contre l'extrémité de la traverse H H H, qui ne tient qu'avec l'aide de plusieurs fortes vis ou boulons qui s'engagent profondément dans la queue de l'écrou. Cette traverse H H H se voit d'ailleurs de profil dans la *fig.* 20, dans laquelle il est facile de distinguer les mortaises qui reçoivent les traverses E F, *fig.* 19. On voit en A, de cette *fig.* 20, la queue de l'écrou, en B, l'écrou lui-même supporté par le bout de la traverse H H H.

La marche de cette presse est facile à concevoir; lorsqu'on desserre la vis de pression, elle entraîne avec elle, au moyen de la clé d'arrêt, la traverse C, *fig.* 19, et, avec elle, la boîte et les traverses E F K, qui, elles-mêmes, entraînent la traverse D avec laquelle elles sont assemblées; il s'opère alors en L un écartement qui devient plus grand à mesure qu'on desserre la vis. Lorsque l'objet qu'on veut presser dans cet écartement ou retenir entre les mentonnets est placé, on serre la vis qui, poussant le châssis en *a* de la traverse C, et en *b* de la traverse D, ramène ce châssis et opère la pression nécessaire. On pourrait craindre, lors de cette pression, que la boîte de la vis de rappel ne quittât le flanc de l'établi, et ne vînt en avant; mais si l'on a bien compris la construction, on verra que cette crainte serait chimérique, parce que les traverses E F K s'opposent à ce mouvement; EF, parce qu'elles sont contenues dans les mortaises ou enfourchemens de la traverse H H H, *fig.* 19 et 20, et K, parce qu'elle butte contre l'extrémité de cette même traverse H H H, au point *i* contre lequel elle glisse en allant et en venant. Telle est la seconde manière de construire la presse de rappel.

La troisième manière de construire est celle qui paraît avoir été adoptée par Eremberg, fabricant d'outils, qui a exposé, en 1827, un fort bel établi dont nous donnons le dessin, vu en-dessus, *fig.* 23, *pl. id.* Cette troisième manière de faire mouvoir la boîte de rappel est très-simple et très-solide. La *fig.* 34 représente la partie postérieure d'un établi, vue par-dessus ; celle 35, cette même partie, vue par-dessous. On commence par faire l'échancrure pour placer la boîte, puis on enlève du bois en-dessous, de manière à réduire à moitié l'épaisseur de la table, sauf du côté opposé à la boîte à vis de rappel, que l'on laisse dans toute son épaisseur ; on comprendra cette disposition en regardant attentivement la *figure*. 34, et celle 35, en supposant que A de cette dernière *figure* est le dessous de la table de l'établi, B, le creux formé par le bois enlevé. On laisse par-devant une saillie d'un pouce d'épaisseur et de dix-huit lignes de largeur, ou, pour avoir plus tôt fait, on adapte en place une tringle bien dressée, que l'on fait tenir avec des vis à têtes fraisées ; cette tringle se distingue dans la *fig.* 34, par la manière dont sont placées les hachures, et, dans celle 35, par les points également espacés qu'on voit dessus, et qui indiquent la place des vis. On fait ensuite un châssis formé de la traverse *c*, qui est le prolongement de la partie postérieure de la boîte mobile et de celle D, qui est de même le pro-

ongement de la partie antérieure de la
boîte et contre laquelle appuie la vis de
rappel ; les deux tringles E F passent
dessous les traverses C D, touchent au
fond du creux, et sont assemblées avec
ces traverses au moyen de vis : ces tringles doivent être exactement de la même
épaisseur que la tringle à demeure,
placée sur le devant et formant rebord ;
celle F doit frotter contre ce rebord ;
celle E doit frotter contre le fond de
l'encastrure. On fixe sur le derrière, entre les deux tringles E F, un petit tasseau qu'on fait tenir avec des vis, et qui
doit être d'égale épaisseur avec le rebord de devant. On peut se dispenser
de poser ce petit tasseau en tenant assez
épaisse la queue de l'écrou de la vis de
rappel, indiquée sur la *fig*. 35 par la
ligne ponctuée G ; on lui fait alors deux
encoches, pour livrer passage aux deux
tringles E F. Les passages de ces deux
tringles sont apparens dans la *fig*. 34.

Lorsque le châssis C D E F est placé
ainsi que la boîte qui fait son côté antérieur, on le soutient, soit avec une
planche qui recouvre le tout, soit avec
les deux tringles *a b*, *fig*. 34 : la boîte

et le châssis cheminent alors librement
au moyen de la vis de rappel.

Telle est la troisième manière de faire
cette presse de derrière ; celle que j'ai
exécutée sur ce modèle a parfaitement
bien marché. — Dans ces deux dernières
manières on ne fait que trois côtés à la
boîte, la partie qui forme le quatrième
côté, et qui s'applique contre le champ
de la table, n'ayant pas besoin d'être
recouverte.

Nous ne pouvons nous dissimuler que
ceux qui n'auront point vu cette presse
exécutée, auront encore quelque peine
à la faire, malgré tout le soin que nous
avons mis dans notre démonstration et
malgré l'exactitude de nos dessins ; les
lecteurs impartiaux comprendront volontiers qu'il n'est pas possible, à moins
d'entrer dans des développemens beaucoup plus amples que ceux qui nous sont
permis par le cadre de cet ouvrage,
et de multiplier encore davantage les
figures, de rendre ces explications com-
pliquées parfaitement claires ; nous espérons cependant qu'avec de l'attention
et quelques tâtonnemens, un ouvrier
intelligent pourra établir sa presse de

derrière sans autre secours que notre ouvrage; nous n'osons pourtant nous en flatter absolument, car nos devanciers ont cru sans doute être bien clairs dans leurs descriptions, comme nous croyons l'être nous-mêmes, et cependant il nous a été tout-à-fait impossible de les comprendre lorsque nous avons eu recours à eux pour la construction de notre presse, peut-être un même sort nous est-il réservé. Quoi qu'il en soit, ayant donné trois démonstrations, une des trois sera peut-être comprise, et si l'on réussit à en exécuter une, on parviendra facilement à exécuter les deux autres, si on le désire.

Il nous reste à parler de la clé d'arrêt, représentée *fig.* 26 et 27, et des mentonnets représentés de profil, *fig.* 25, et de face, *fig.* 24.

La *fig.* 26 représente la clé d'arrêt vue de profil; elle doit être limée en chanfrein dans sa partie supérieure, mais décrire un angle moins aigu que celui représenté dans la figure. On l'a fait ainsi afin de le rendre sensible : elle doit plonger tout entière dans la mortaise faite à l'effet de la recevoir dans la partie postérieure de la boîte recouvrant la vis de rappel. L'épaisseur de cette clé détermine celle de la rainure circulaire *c*, *fig.* *xx*, pratiquée au collet de la vis, de même que l'écartement *a*, *fig.* 27, détermine son diamètre : la vis doit tourner librement dans cet écartement, mais ne doit nullement ballotter : on doit la faire plutôt juste que lâche, parce que, par l'usage, le fer ne tarde pas à se frayer un passage facile. La *fig.* 27 représente, comme nous l'avons dit, cette clé vue de face. Elle est taillée comme une grosse lime ou comme la mâchoire d'un étau, par des hachures coupées vif et relevées, qui se croisent entre elles. On en agit ainsi afin que, dans l'occasion, elle puisse servir de mentonnet en agissant concurremment avec le mentonnet de devant. A cet effet on enlève le mentonnet de derrière, et en frappant avec le maillet en dessous sur le bout des branches de la clé, on la fait saillir un peu au-dessus du niveau de la table de l'établi, plus ou moins, suivant l'épaisseur des pièces qu'on veut maintenir, mais toujours de manière que le rabot ne puisse la rencontrer dans sa marche.

Le mentonnet, *fig.* 24 et 25, doit

avoir, comme la clé d'arrêt, un chanfrein à sa partie supérieure; il doit, comme elle, être taillée en lime, afin de s'imprimer dans le bois et de le mieux retenir. On voit sur la *fig.* 25, en arrière du mentonnet, un ressort *a*, qui sert à le tenir toujours serré dans son trou, quelque élévation qu'on veuille lui donner au-dessus du niveau de l'établi : quant à la petite pointe *b*, passant par le trou *a*, *fig* 24, on ne la pose qu'accidentellement lorsqu'on veut plaquer une colonne ou un rouleau, ou seulement les vernir; on élève alors les deux mentonnets, on y met les deux pointes, et l'on suspend la colonne ou le rouleau entre ces deux pointes comme sur un tour, ce qui donne les facilités de les retourner sur tous leurs sens pour les plaquer ou les vernir. Nous parlerons de la manière de faire ces deux opérations à l'article *ébéniste*. Ces pointes se placent facilement en passant la queue par le trou *a* de la *fig.* 24, et en les serrant avec l'écrou *c* derrière le mentonnet.

L'établi, *fig.* 23, mérite d'attirer les regards des gens qui recherchent dans un travail modéré une douce occupation, et un moyen de conserver ou de rappeler la santé, des amateurs, enfin, qui regardent un *loisir occupé* comme le premier des biens. Cet établi réunit toutes les perfections ; il peut se monter sur des pieds assemblés à clavette, comme celui *fig.* 17. Sa presse de devant est horizontale et en tout semblable à celle dont nous avons parlé lors de l'explication de la *fig.* 13. Sa presse de derrière se fait de l'une des trois manières que nous venons d'indiquer ; on place le mentonnet de devant dans l'un des trous *a a*, celui mobile dans le trou *b*, ou bien on se sert de la clé d'arrêt qu'on place dans la mortaise *c* : on peut saisir par ce moyen, et raboter commodément des planches aussi minces que possible, et même des panneaux gauches. La grande presse *d* sert à prendre de longues pièces que l'on veut travailler sur champ et est propre à recevoir les poupées d'un tour à pointes, elle sert encore lorsqu'il s'agit de faire un grand collage : cette dernière invention appartient à Eremberg, et se rapporte à ce que nous avions déjà enseigné dans notre *Art du Tourneur*. La presse de derrière sert encore à maintenir dans son écartement *a*, qu'on peut grandir à volonté, les pièces qu'on veut débiter à la scie. Dans l'établi qui était à l'exposition de 1827 , les deux parties qui opèrent la pression étaient garnies de plaques de cuivre qui devaient garantir les angles et les empêcher de s'arrondir. Cet établi nous a semblé devoir être imité par ceux qui veulent quelque chose de parfaitement commode , et c'est pour leur en faciliter l'exécution que nous l'avons dessiné. Nous n'avons point mis de trous ronds sur cet établi, parce qu'il peut exempter de l'emploi du valet. Il serait cependant possible d'y joindre encore ce moyen de compression ; mais on n'est pas dans l'usage de l'adjoindre à tous ceux que cet établi met à la disposition de l'ouvrier.

SECTION II. — DES OUTILS MOBILES.

Les outils du menuisier proprement dit , sont peu nombreux et fort simples ; mais en leur adjoignant ceux dont on fait usage dans l'ébénisterie , on augmente leur nomenclature. Comme depuis quelques années la majeure partie des menuisiers a adopté la manière des ébénistes, nous décrirons les outils de ces derniers, en négligeant de parler de ceux, moins parfaits, des menuisiers, Ainsi, par exemple, en décrivant l'établi, nous avons passé rapidement sur ces établis grossiers et incommodes dont on se servait jadis, pour n'offrir à nos lecteurs que ceux perfectionnés dont les ébénistes du faubourg Saint — Antoine font actuellement usage.

§ Ier. — *Des Outils propres à débiter.*

Ces outils sont les scies à refendre ; les scies allemandes, qui sont aussi des scies à refendre, les fermoirs et les maillets avec lesquels on dégrossit, et, dans quelques provinces des hachettes et hachons qui remplissent le même usage, et que nous regrettons de ne pas voir plus généralement répandus.

Les scies à refendre ne s'emploient plus guère dans les chantiers de Paris, dans lesquels on a des scieurs de long prêts à refendre tout ce qui se présente ; mais elles sont encore fort en usage dans les provinces et dans les petits établissemens ; cet outil se fait de deux manières, à coin ou à vis. Ces scies, qu'elles soient faites d'une ou d'autre manière sont, ainsi qu'on le voit dans la *fig.* 1re, *pl.* 2 (*scies*), placées au milieu d'un châssis en bois. Elles ont de trois pieds à trois pieds et demi de longueur, et la lame doit avoir le plus de largeur possible. Les dents de cette lame seront disposéesde manière que la partie inclinée se trouve en dessus, et qu'en conséquence la scie ne morde qu'en descendant.

Lorsque la scie se tend avec une vis, ainsi qu'on peut le voir dans la *fig.* 2, *pl. id.*, on a coutume de faire la pièce où s'emmanche la lame, et qui reçoit la vis, avec un bois très-dur et même en fer. Nous dirons plus bas, en parlant des scies, comment on les affûte, et comment on leur donne de la voie.

On se sert de ces scies pour refendre de longues planches; à cet effet on trace, soit avec une règle, soit avec un cordon blanchi, à la manière des charpentiers, la marche qu'on veut suivre avec la scie. On assujétit solidement la planche sur le derrière de l'établi, à l'aide des valets, et, tenant la scie par les deux montans, on scie le bois en ayant soin de n'appuyer qu'en descendant.

La scie allemande est maintenant plus en usage que la scie à refendre, dont nous venons de parler ; elle a sur elle plusieurs avantages qui nous paraissent justifier cette préférence. Elle peut servir de scie ordinaire , et , dans certains cas, elle passe où la scie à refendre ne peut pas passer, comme lorsqu'il s'agit de lever une tringle sur le côté d'une planche d'une grande largeur.

La lame de cette scie se place entre deux morceaux de fer *a* , *fig.* 5 , *pl. id* , qu'on nomme chaperons, briquets, pannetons, couplets, etc, suivant les lieux. Ces chaperons se serrent avec une vis, et leur tige se noie dans un tourillon en bois qui passe dans l'extrémité du bras de la scie , dans lequel il tourne facilement. On fixe ces briquets dans les tourillons , à l'aide de broches en fer. Cette manière de monter les scies est déjà très-répandue ; mais, comme certains ouvriers les montent encore dans du bois , sans employer les chaperons, nous avons cru devoir représenter à part ces chaperons (*voy*. *fig.* 5, *pl. id.* , *a* , étant la vis de pression), les tourillons , *fig.* 4 et 7 et les extrémités des bras de la scie *fig.* 6, qui se construit d'ailleurs comme à l'ordinaire , à cette différence près, qu'on tient la traverse plus forte , et qu'on la met à cheval sur les bras le long desquels elle glisse à volonté. La *fig.* 3 , *pl. id.*, rendra cette démonstration sensible au premier coup d'œil. Elle représente en *a a*, les extrémités de la traverse dans lesquelles entrent les bras à pression exacte. On fait aussi cette traverse avec deux mortaises à chaque bout, par lesquelles passent les bras de la scie , ainsi qu'on peut le voir *fig.* 34 , *pl.* 1ʳᵉ, représentant cette scie toute assemblée.

» L'assemblage des chaperons dans les tourillons présente quelque difficulté ; mais on s'évite des soins en mettant la goupille à l'endroit marqué *a* dans la *fig.* 4 représentant le tourillon supérieur ou *la poignée*, et *fig.* 7 , *pl.* 2 (*scies*), représentant le tourillon inférieur. Au-dessus de leur base, dans l'étranglement de la poignée. Quelques ouvriers fixent ce chaperon dans le tourillon par deux goupilles; mais cette méthode est vicieuse, elle donne beaucoup de peine, l'outil a moins de grâce , 'et' il est moins bon à l'usage. Si l'on suit mon conseil, on ne mettra qu'une goupille, sauf à grandir le trou du chaperon, et à donner plus de force à cette goupille.

Lorsque les chaperons sont emmanchés, on place la lame de la scie, et on l'attache avec une vis, par chaque extrémité. Cette vis, en comprimant et faisant serrer sur la lame les deux joues du chaperon, ajoute à la solidité de l'ustensile. On ne doit pas regarder au prix, pour la lame de la scie allemande, mais bien la choisir de première qualité, d'une trempe dure et flexible, et d'une étoffe parfaitement laminée.

Les autres outils à débiter sont certaines scies à grosses dents, dont la lame et la monture n'ont rien de particulier; nous en parlerons, d'ailleurs, lorsqu'il sera question des scies ordinaires. On emploie aussi, pour débiter ou, pour mieux dire, pour dégrossir les bois, le fer moir et le hachon ou hacheron.

Le fermoir est une espèce de gros ciseau dont l'acier se trouve soudé entre deux fers, qui s'affûte par conséquent en dessus et en dessous, et qui a deux biseaux; on les emmanche avec un bois dur quelconque; j'ai éprouvé que le cœur d'amandier est celui qu'on doit préférer à tout autre pour cet usage. On fait ce manche arrondi et bombé par en haut, afin qu'il soit moins sujet à s'émousser et à s'éclater sous les coups répétés du maillet ; on le faisait autrefois carré, maintenant on l'arrondit, ce qui le rend plus maniable. (*V. fig.* 1re, *pl.* 2, 2e *partie.*) Ce modèle de manche pourra servir pour ceux des ciseaux, des gouges et même des bédanes, quoiqu'il soit plus avantageux de tenir les manches de ces derniers outils de forme carrée, les angles abattus, ainsi qu'on le pratiquait autrefois.

On affûte ce fermoir de deux manières, soit en tenant les biseaux droits, soit en les arrondissant ; je préfère le biseau droit, parce qu'il guide la main, et qu'en tenant toujours le fermoir dans la même inclinaison, suivant la pente de ce biseau, on est sûr de parvenir à enlever le bois uniformément, et sur une ligne à peu près droite.

Le maillet qui sert à frapper sur le fermoir, sur le valet, et sur tout autre objet en bois ou en fer, se fait de deux manières : les menuisiers en bâtiment lui ont assez communément conservé l'ancienne forme, *fig.* 3, *pl. idem*; les ébénistes et les menuisiers en meubles le font plus long et moins large, *fig.* 2; ils prétendent que le maillet ainsi confectionné est moins sujet à porter de faux coups : leur assertion n'est point dénuée de fondement.

Les meilleurs maillets se font avec du charme noueux pris au pied d'un gros arbre; le manche se fait en frêne. Après avoir donné au maillet à peu près la forme qu'il doit avoir, on le perce et on l'emmanche; puis on le dresse et on le dégauchit, s'il n'est pas emmanché droit; condition de rigueur pour qu'un maillet rende un bon service. Si on le confectionnait avant de l'emmancher, on risquerait fort de ne pas percer le trou parfaitement droit, et de planter par conséquent le manche de travers. Lorsque le maillet est fini, on fend le manche par le bout, à l'endroit où il sort du côté opposé, et l'on enfonce dans la fente une cale de bois dur qu'on fait entrer à coups de marteau, puis on aplanit le tout. Un maillet ainsi confectionné fait un bon usage et ne se démanche jamais. On ne doit point mettre cette cale dans le sens du fil du bois qu'on pourrait faire fendre, mais bien en travers de ce fil. La *fig.* 4, *planche idem*, fera comprendre comment il faut placer cette cale ; j'insiste sur ce point, parce que cette observation trouvera son application dans des cas autres que celui qui nous occupe.

Le hachon, hachette, hacheron, comme on voudra le nommer, doit être en petit ce que la doloire d'un tonnelier est en grand. Les *figures* 5 et 6 en offrent le modèle, vu de profil et par-dessus. Les hacherons doivent avoir la table (on nomme ainsi la planche d'acier dont ils sont garnis) à gauche, et le biseau par conséquent à droite. Le manche doit être incliné de manière qu'en planant une planche d'une certaine largeur, les doigts de l'ouvrier ne puissent frotter contre le bois, représenté dans la figure par la ligne ponctuée *a*. On voit de ces hachons, dont l'acier est soudé entre deux fers, ressemblant à de petites cognées de bûcheron, ou à des haches de charpentier ; mais ils sont moins commodes que ceux dont nous donnons la description, et l'on court, en s'en servant, le risque de se blesser, parce qu'ils chassent en dehors. Cependant, les ouvriers qui ont l'habitude de se servir de ces derniers, prétendent qu'ils avancent plus vite ; cette assertion est facile à vérifier. On doit se munir d'un billot en orme pour travailler dessus ; s'il fallait hacher sur l'établi, on le gâterait promptement.

§ III. *Des Outils propres à dresser et corroyer le bois.*

Ces outils sont la varlope, la demi-varlope et le rabot.

La *varlope* doit avoir deux pieds (650 millimètres) de longueur sur trois pouces (81 millimètres) de hauteur : sa largeur est déterminée par celle du fer qu'on veut employer ; il est d'habitude de choisir ce fer de deux pouces (54 millimètres), ou deux pouces quatre ou six lignes (65 ou 68 millimètres) de largeur.

Elle se fait maintenant carrément ; on se contente d'adoucir les angles supérieurs. On choisit pour la faire un morceau de cœur de cormier bien sec, bien compacte, bien lourd ; la grande difficulté est de bien percer la lumière. On doit d'abord la tracer, et, pour y parvenir sûrement, il faut d'abord mettre

son bois bien d'équerre ; puis, après
avoir parfaitement dressé la face la plus
saine, celle qui se trouve être la plus
foncée en couleur, qu'on peut, par
conséquent, supposer approcher davan-
vantage du cœur du bois, et qu'on destine à être le dessous de l'outil, on trace
légèrement sur cette face, à six pouces
environ du bout antérieur, une ligne
transversale bien d'équerre ; puis, derrière cette ligne, et à la distance de deux
lignes, deux lignes et demie, ou même
trois lignes (5 à 7 millimètres), on trace
une seconde ligne parallèle à la première ; l'entre-deux de ces lignes détermine la largeur que doit avoir la lumière. On pose ensuite le fer à plat sur
le milieu du dessous, sur les deux lignes qu'on vient de tracer ; on marque
avec un poinçon la largeur de ce fer ;
et, en se servant du trusquin, on trace
de chaque côté un ligne parallèle à ce
côté qui sert à déterminer l'épaisseur
des joues et la longueur de la lumière.

La *fig.* 7, §A, *pl.* 2, 2e *part.*, représente
ce tracé : *a a* indique la première ligne
tracée, *b b* la seconde, en arrière, dé-
terminant la largeur de la lumière, *c c*
les lignes parallèles aux côtés, détermi-

nant, comme on vient de le dire, l'épaisseur des joues et la longueur de la lumière.

Les choses ainsi disposées, on continue la ligne *a a* sur les côtés et sur le dessus du morceau de bois, en suivant toujours la ligne ponctuée *a a* tracée sur les sections B représentant le côté de la varlope, et sur la section C représentant le dessus. On applique alors un rapporteur ou une équerre à tracer d'onglet (45 deg.) sur le côté B, de manière que le point de centre vienne toucher sur l'extrémité de la ligne *b*, section A, et on trace avec une pointe, sur la section B, la ligne *b*; on répète la même opération sur l'autre côté de la varlope, et on réunit ces deux lignes *b* tracées de chaque côté, par une ligne tirée sur le dessus, parallèle à la ligne *a a*, et plus en arrière. (Voy. *b b*, section C, *fig. idem.*)

On trace alors sur ce dessus, avec le même trusquin qui a servi pour les lignes *c c*, section A, deux lignes pareilles *cc*, section C, représentant le dessus de l'outil; on tire ensuite la ligne *dd* parallèle à *a a* et *b b*, l'espace compris entre les lignes *bb dd* devant servir à placer le coin et le fer; puis enfin on tire les lignes *e e* devant former les épaulemens contre lesquels le coin s'appuie lorsqu'il serre sur le fer.

Ainsi se fait ordinairement le tracé qui doit précéder l'opération très-importante du percement de la lumière. On mettait autrefois plus d'espace qu'on n'en met actuellement entre les parallèles *bb*, *dd*, § C, parce qu'alors on faisait le coin plus épais ; mais un long usage et des expériences journalières ont démontré que le coin, formant ainsi un angle très-ouvert, serrait moins, et par conséquent tenait moins solidement qu'un coin plus mince et formant, par conséquent, un angle plus fermé. Le moindre choc éprouvé par la varlope, faisait lâcher le coin. La nouvelle manière a remédié à cet inconvénient : le coin a d'ailleurs éprouvé d'autres changemens dans sa forme, dont nous parlerons lorsqu'il en sera question.

Lorsque la lumière est tracée, il s'agit de la vider. Cette opération se fait de plusieurs manières : les uns emploient tout simplement le ciseau et le bédane ; les autres percent des trous perpendiculaires en suivant la ligne *a a*, et font partir, avec le ciseau, le bois compris entre les lignes *a a* et *b b*, section C, *fig. id.* ; d'autres enfin percent deux trous perpendiculaires, un à chaque coin de la lumière, mais à une ligne en dedans, et font passer par ces trous des petites scies passe-partout, connues des marchands sous le nom de *scies à voleur* (V. *fig.* 13, *pl.* 1re) (*scies*), et ils découpent de la sorte le bois, puis ils font la pente avec le ciseau. Il faut avoir soin, durant cette opération, de marquer profondément, avec le plat du ciseau, les lignes *e e*, section C, *fig.* 7, afin de réserver intacts les deux épaulemens du coin.

Lorsque la lumière est vide et qu'il ne reste plus qu'à enlever le bois qui est sous les épaulemens, on passe une scie par la lumière, et, en faisant porter exactement la lame sur la pente qui doit suivre en tout point la ligne *b*, section B, on scie jusqu'à ce qu'on atteigne les lignes *c c*, *cc*, sections A, C ; puis, faisant passer cette lame de scie par les deux points déterminés par la ligne *a a*, section A, et *d d*, section C, on scie également jusqu'à ce qu'on ait atteint les lignes *c c*, ainsi qu'il vient d'être dit pour le premier trait de scie. Lorsque ces deux traits de scie sont donnés d'un côté, on retire la lame de la lumière ; on la tourne en sens inverse, et, après l'avoir remise en place, on scie sur l'autre joue, comme on a fait pour la première. On enlève alors le bois compris de chaque côté entre ces deux traits de scie, en ayant soin de conserver à la joue une égale épaisseur, du haut jusqu'en bas, c'est-à-dire, en suivant exactement intérieurement les lignes *cc*, *cc*, sections A, C, *fig. id.*

Après avoir vidé la lumière, on la polit en dedans par tous les moyens possibles, soit avec le papier de verre, soit avec des limes demi-douces, soit enfin avec de la ponce broyée qu'on emploie avec de l'huile et un morceau de tilleul, ou tout autre bois tendre.

On s'occupe ensuite de la confection du coin, qu'on fait de trois manières. La *fig.* 8, en donnera une idée suffisante. On les faisait généralement suivant la forme indiquée A ; puis on a prétendu que cette manière était contraire au développement du copeau, qui s'engageait dans la lumière. On fait plus volontiers maintenant le coin tout uni, ainsi qu'il est représenté en B ; d'autres enfin, dont j'adopte les motifs, ont fait le coin uni, mais lui ont pratiqué, vers la partie moyenne, un trou ou simplement une encoche, dans laquelle ils font entrer le bout du manche du marteau lorsqu'ils veulent desserrer le fer. A cet effet, ils appuient ce manche sur la partie antérieure de la lumière, et s'en servent comme d'un levier; ils font sortir le coin sans être obligés de frapper sur la varlope, ce qui finit, à la longue, par la faire fendre, ou au moins par la déformer (*Voy.* C, *fig. id.*). Qu'on fasse ce coin d'une ou d'autre manière, on doit employer pour sa fabrication un bois liant et dur, et veiller à ce qu'il serre particulièrement du bas.

Nous sommes entrés dans des détails qui paraîtront minutieux à quelques personnes, mais que d'autres seront d'autant plus flattées de rencontrer ici, qu'on ne les rencontre dans aucun des ouvrages qui ont traité de cette matière. Ce que nous venons de dire sera d'ailleurs applicable à tous les autres outils, tels que demi-varlopes, rifflards, rabots, dans lesquels le fer se place de la même manière.

Lorsque le fer est posé, on s'occupe de faire la poignée de la varlope, qui se

pose par encastrement, à dix-huit lignes
environ du bout postérieur, et à laquelle
ou donne à peu près la forme représentée *fig*. 7, *pl*. 2, 2° partie, qui offre la
varlope vue de profil.

Nous avons dit, en thèse générale,
que la pente du fer devait être de qua-
rante-cinq degrés : cette inclinaison
n'est pas de rigueur : beaucoup d'ouvriers
penchent davantage le fer, et donnent
quarante degrés seulement de pente.
D'autres veulent, pour certains cas, des
fers plus droits, et ouvrent leur angle
jusqu'à près de cinquante degrés. Nous
ne saurions déterminer aucune règle
fixe pour la pente; elle dépendra de la
nature des bois sur lesquels l'outil devra
opérer; mais rarement on s'écarte des
dix degrés dont nous venons de parler.

Depuis que notre quincaillerie a fait
des progrès rapides, nos fabricans se
sont appliqués à souder l'acier fondu
sur les fers de varlope, et leurs travaux
ont, sur ce point, atteint toute la perfection qu'on pouvait attendre. Nous conseillons aux ouvriers l'emploi des fers
d'acier fondu : le coût plus élevé du
premier achat est bien compensé par
la durée et le bon usage de l'outil.

On a remarqué que, dans certains bois mêlés, et dans d'autres tendres et de fil, le fer enlevait quelquefois des écharpes qui laissaient dans l'ouvrage des traces profondes et ineffaçables On a imaginé, pour remédier à cet inconvénient, de mettre un second fer à la varlope. Ce second fer, qui n'a pas besoin d'être garni d'acier, doit être de même largeur que le fer acéré; on l'affûte à biseau arrondi, parce que sa fonction n'est pas de couper le bois, mais de briser le copeau lorsque le fer du dessous l'a levé. Par ce moyen, les éclats et déchiremens sont bien moins à craindre. On appose les biseaux l'un contre l'autre, de manière que le fer de la varlope offre l'aspect d'un fermoir affûté des deux côtés. On peut mettre le second fer un peu plus haut que le fer de dessous, c'est-à-dire, qu'on peut laisser dépasser le fer tranchant d'une ligne, et même davantage. On peut également, dans certains cas, les mettre exactement de niveau l'un et l'autre; mais le fer de dessus ne doit jamais dépasser celui de dessous, parce qu'alors l'outil ne coupe plus du tout, et ne fait que rayer le bois.

Ce second fer se pose de diverses manières ; dans le principe, on mettait le coin entre les deux fers, et cela se pratique encore quelquefois ; il en résulte cet avantage, que les biseaux se joignent plus exactement, et que les deux fers étant séparés, on peut frapper alternativement sur l'un et sur l'autre, et faire avancer le fer de dessus à volonté. Cette pratique a été cependant abandonnée, parce qu'il était assez difficile de replacer ces fers lorsqu'on les retirait, soit pour affûter, soit pour toute autre raison, et que l'ouvrier perdait un tems précieux à les rajuster. On a placé les fers l'un sur l'autre, et le coin par-dessus : c'est encore cette manière qui est la plus usitée.

Mais, comme on a reconnu qu'une partie de la difficulté existait toujours, et que les fers, exactement posés d'abord, ne tardaient pas à se déranger, soit en mettant le coin, soit en frappant sur le fer pour le *mettre en fût*, on a fabriqué des fers doubles qui ont remédié à ce désagrément.

La *fig.* 9, *pl.* 2, 2e *p.*, représente la manière dont les fers doubles sont assemblés. A est le fer de dessous, B le fer de dessus, C le fer de dessous vu par-dessous, *a* la vis d'arrêt vue en place, *b* la coulisse dans laquelle monte et descend l'épaulement *a* de l'écrou, représenté à part et plus en grand, *fig.* 10 : vu de face en D, et vu de profil en E. F représente le fer accouplé, vu de profil ; *a* la tête de la vis, vue du profil. Le carré *b* de l'écrou, *fig.* 9 et 10, entre à pression exacte dans un trou carré, pratiqué dans le fer de dessus B, *fig.* 9, à l'endroit marqué *b* ; on voit en *a*, *fig.* 10, le trou taraudé dans lequel passe la vis d'arrêt représentée à part en *k*, sur une plus grande échelle, même *fig.* 10.

On a récemment trouvé un autre moyen de construction pour ces fers doubles : nous devons le faire connaître à nos lecteurs des départemens, ceux de Paris sont à même de s'en procurer de tout faits dans les boutiques des marchands d'outils.

On entaille le fer au milieu de sa largeur, ainsi qu'on le peut voir dans la *fig.* 11, *pl. id.* représentant le fer acéré. On fait l'entaille de trois pouces neuf lignes ou quatre pouces de longueur, et de cinq à six lignes de largeur, suivant la force du fer ; on réserve, par le haut, un petit mamelon marqué *a* sur la figure. On choisit, pour cet effet, un fer épais et robuste. Cette fente ou rainure doit prendre à six ou huit lignes de l'extrémité supérieure du fer, et descendre jusqu'à neuf lignes ou un pouce de la *metture* d'acier.

On fait ensuite une vis de trois ou quatre lignes de diamètre, filetée à pas peu inclinés, profonds et fins, et d'une longueur telle, qu'elle remplisse exactement la coupure du fer acéré. On perce la tête de cette vis de deux trous qui se croisent, et on en fait un troisième sur le milieu du sommet de cette tête, destiné à recevoir le mamelon *a*, *fig*. 11. La *fig*. 12 représente cette vis, au sommet de laquelle est indiqué le trou dont il vient d'être parlé. Lorsqu'on veut mettre la vis en place, on commence par faire entrer le mamelon dans ce trou.

Le fer de dessus se fait ainsi qu'il est dessiné *fig*. 13, 14 et 15. La *fig*. 15 le montre vu en dedans, et celle 14 en est le profil. *a a*, *a a*, dans les *fig*. 14, 15, 16 et 17, sont deux écrous taraudés avec le même tarau, et dans lesquels passe la vis *fig*. 12. Ces deux écrous sont ajustés de manière qu'ils puissent glisser librement dans la coupure du fer acéré. Lorsqu'on veut assembler les fers, on fait entrer la vis dans les écrous; on pose la vis en place, et on fait entrer les écrous dans la coupure; on tourne alors cette vis, qui fait monter ou descendre à volonté le fer de dessus. Ce mécanisme est si simple, qu'il nous paraît inutile d'entrer dans de plus amples détails. La *fig*. 13 représente les fers assemblés, vus en dessus; celle 16 les mêmes fers vus en dessous; celle 17 les représente vus de profil.

On conçoit qu'en faisant usage des fers représentés *fig*. 9 et 13, il devient nécessaire de creuser une rainure sur le fond incliné de la lumière dans le fût, afin de livrer passage, soit à la tête de la vis *fig*. 9, soit aux deux écrous et à la vis de la *fig*. 13.

Les fers des varlopes, demi-varlopes, rabots, s'affûtent de manière que le biseau soit bien plat; le fer de la varlope doit présenter un angle de 30 degrés au plus, 25 au moins; mais, en général, plus le biseau est allongé, mieux l'outil coupe et mieux il garde son affût: c'est ce qui fait que les ébénistes sont dans l'usage de former un angle ouvert seulement de 25 degrés. On ne saurait donner de règles bien fixes à cet égard ; j'ai mesuré les angles du biseau des outils affûtés par plusieurs bons ouvriers, et j'ai toujours trouvé 25, 26, 27 degrés ; quelques-uns vont à 30, ainsi que je viens de le dire. Il est prudent, en affûtant le fer de la varlope, d'arrondir un peu les coins, afin qu'ils ne puissent rayer le bois.

La Demi-Varlope.

Elle se fait également en bois dur, alisier, cœur d'amandier, mais surtout en cormier : ses dimensions sont moins fortes que celle de la varlope. On laisse ordinairement trois à quatre lignes de joue de chaque côté du fer. Le fer de la demi-varlope est simple ; la lumière n'a pas besoin d'être aussi étroite que celle de la varlope ; la pente est plus inclinée, on peut lui donner de 35 à 40 degrés. Le fer s'affûte rond ; mais le biseau doit cependant être plat. La *fig.* 18 représente le fer de la demi-varlope, vu du côté du biseau.

Le rifflard est une petite demi-varlope faite de même bois et de même manière, mais dans des proportions plus exiguës.

La varlope à onglet n'a point de poignée ; c'est tout simplement un long rabot de quinze à dix-huit pouces de longueur ; la pente du fer varie entre 4o et 45 degrés ; elle doit également être très-étroite et laisser seulement le passage au copeau. On fait ces varlopes en cœur d'amandier ou en buis : on leur met un fer double.

Le Rabot.

Le rabot est un des principaux outils de la menuiserie. Nous aurions beaucoup de choses à dire sur ce qui le concerne, mais les détails très-circonstanciés dans lesquels nous sommes entrés au sujet de la varlope, étant également applicables au rabot, nous serons dispensés d'y entrer de nouveau.

Le rabot ordinaire peut avoir sept ou huit pouces de longueur, quatorze ou quinze lignes de largeur, et de deux pouces neuf lignes à trois pouces de hauteur. Le fer doit avoir à peu près sept pouces de longueur sur dix-sept à dix-huit lignes de largeur. Depuis fort

long-tems on met un fer double au rabot. La *fig.* 19, *pl. id.*, représente le
rabot ordinaire : on ne lui donne aucune
autre façon.

Les rabots se font en cormier, en alisier, en buis, en amandier, ou tout autre
bois dur et compacte. La coupe du rabot
est plus droite que celle de la varlope :
elle est ordinairement de cinquante-un
degrés, mais elle varie entre quarante-
huit degrés et cinquante-deux : cette
coupe est d'ailleurs différente suivant
l'usage auquel on destine l'outil. Certains rabots, ainsi que nous allons le
dire, ont le fer presque droit, et même,
dans certains cas, tout-à-fait perpendiculaire au plan.

Comme le rabot s'use assez promptement en raison des frottemens qu'il
éprouve, les ébénistes ont imaginé de
revêtir le dessous du rabot d'une semelle
en cuivre ou en fer, mais plutôt en cuivre. Cette semelle est tout simplement
plate et de la grandeur du rabot ; d'autres fois elle forme un coude devant et
derrière, ainsi qu'elle est représentée
par la *figure* 20, *planche idem*, et alors
on fait au fût deux encastrures, une en
avant, l'autre en arrière, dans lesquelles

on fait entrer les talons *a a* de la figure, et dans lesquelles on les fixe avec une vis fraisée. On fixe en outre cette semelle dans le fût, avec plusieurs vis à tête fraisée, enfoncées sous le rabot et assez entrées pour qu'elles ne puissent aucunement rayer le bois. Ces rabots devenant un peu lourds, on peut choisir, pour les faire, un bois un peu moins pesant que ceux dont nous venons de parler, et prendre un cœur d'érable ou un morceau noueux de poirier sauvage. Nous parlerons plus bas des rabots à dresser les loupes, l'ivoire, le cuivre et même le fer.

Le rabot à dents est fait, en ce qui concerne le fût, comme les rabots ordinaires, mais un peu moins fort ; la coupe de la lumière est aussi beaucoup plus droite ; quelques-uns même ont le fer droit : cependant, comme cette dernière position nécessite une conformation toute particulière dans la lumière, on se contente ordinairement de 60, 70 ou 80 degrés (Voy. *fig.* 21, *pl.* 2, 2ᵉ *part.*). Le fer de ces rabots est cannelé du côté de l'acier ; il s'affûte à biseau plus court que les rabots ordinaires. Nous en indiquerons l'usage.

On fait aussi des varlopes à dresser

et à onglet, et même des rabots à fers inclinés, c'est-à-dire à lumière penchées ; ces outils sont d'une confection difficile, mais ils rendent un bon service ; les ouvriers qui n'ont que des rabots ordinaires, c'est-à-dire à lumière régulière, se contentent, en poussant le rabot, de le présenter sur sa diagonale à droite et à gauche, afin d'attaquer le bois en biais suivant son fil. La *fig*. 22 représente le dessous d'une varlope ou d'un rabot ainsi disposé Il faut que le fer soit taillé en biais, ainsi qu'il est représenté *fig*. 23. On rencontre très-peu d'outils ainsi faits, si ce n'est dans les laboratoires d'amateurs.

Ce qui nous reste à dire sur les rabots ordinaires n'est que fort peu de chose, et la *fig*. 19 suffira presque seule pour en donner l'idée. Le rabot rond, représenté *fig*. 24, sert à replanir l'intérieur des cintres ; celui représenté *figure* 25, sert à dresser les gorges droites. Lorsqu'il s'agit de raboter dans des gorges circulaires sur leur plan, on combine les formes représentées par la *fig*. 24 et par celle 25 ; lorsqu'enfin il s'agit de raboter sur une partie ronde, saillante, on fait le rabot dans la forme dont la *fig*. 26

représente le bout, et il prend alors le nom de *mouchette*.

§ IV. *Des Outils d'assemblage.*

Plusieurs espèces d'outils servent à faire les assemblages : 1° les règles, compas, pointes à tracer, équerres, fausses équerres, trusquins, etc. ;

2°. Les scies qui servent à couper le bois suivant les traits du dessin, et principalement la scie à tenons ;

3°. Les bédanes qui servent à percer les mortaises, les ciseaux qui servent à recaler les tenons, c'est-à-dire à rectifier les erreurs de la scie ;

4°. Les bouvets avec lesquels on fait les rainures et les languettes, au moyen desquelles on assemble entre elles les planches dont on veut faire des panneaux ;

5°. Les sergens qui maintiennent l'assemblage pendant que la colle prend et pendant qu'on cheville les joints.

Les Règles, Compas, etc.

Les règles du menuisier se font en sapin, on doit en faire de toutes les longueurs. Le *compas* est en fer : en achetant cet outil, on doit l'ouvrir et le fermer plusieurs fois. S'il offre une résistance égale dans tous ses points d'écartement, c'est une preuve de bonté ; si, au contraire, il se ferme ou s'ouvre par saccades, il doit être rejeté. Les menuisiers font grand cas des compas qui sont garnis de pointes en acier trempé. On fait de grands compas en bois, avec lesquels on peut tracer de très-grands cercles ; la *fig.* 4, *pl.* 3, représente un de ces compas. Son extrême simplicité nous dispense d'entrer dans aucun détail sur ce qui le concerne.

A est une grande tringle de frêne ou de chêne, B un talon en bois dans la partie inférieure duquel est posée une pointe en acier ; C est un talon semblable au premier, mais mobile et glissant à volonté le long de la tringle A, et susceptible d'être fixé à l'écartement nécessaire, au moyen de la vis de pression D.

Les menuisiers ont aussi de très-grands compas en fer.

Les pointes à tracer sont tout simplement des poinçons d'acier trempé, longs de six à sept pouces.

Le niveau est composé de trois morceaux de bois de noyer, assemblés à angle droit très-juste et le plus solidement possible ; la longueur de l'équerre est au moins de cinq à six pouces de branche sur un pouce d'épaisseur. (Voy. *fig.* 27 , *pl. 2, 2ᵉ partie.*)

Le triangle est composé : 1º d'une tige A de neuf à dix pouces de longueur sur un pouce et demi de largeur, et environ dix lignes d'épaisseur ; 2º d'une lame B en même bois, d'un pied à quinze pouces de longueur sur trois à quatre lignes d'épaisseur, et deux pouces à deux pouces et demi de largeur. Cette lame doit s'assembler carrément dans le milieu de l'épaisseur de la tige à tenon et enfourchement sur la largeur, et débordées d'un demi-pouce par le bois. (Voy. *fig.* 29 , *pl. id.*)

Les grands triangles ont deux à trois pieds de lame, et même plus : cette lame est soutenue par une écharpe égale d'épaisseur, et assemblée à tenon et mortaise, tant dans la tige que dans la lame : ils ne sont plus guère en usage.

L'équerre à onglet, fig. 28, *pl. id.* , donne, par sa construction, la facilité de tracer plusieurs coupes d'angles différens. Il en est de même de la pièce carrée. Leur extrême simplicité nous autorise à supprimer toute explication, la figure étant très-suffisante.

La fausse équerre ou *sauterelle*, est un triangle dont la lame est mobile et tient à sa tige par une rivure qui permet d'ouvrir cette lame suivant les angles qu'on désire obtenir.

Les trusquins sont très-utiles au menuisier; ils servent à tracer des parallèles. Nous parlerons de cet outil parce qu'on l'a perfectionné, et que, même à présent, les marchands d'outils en mettent un certain nombre parmi ceux qu'ils suspendent aux vitres de leurs magasins, pour tenter les amateurs et les ouvriers.

Le trusquin, dans sa plus grande simplicité, est composé d'une tige de bois de dix à douze lignes en carré, sur neuf à douze pouces de longueur, d'une tête et d'une clé. (Voy. *fig.* 1, *pl.* 3.)

La tête a quatre pouces de longueur, trois pouces de largeur, et un pouce d'épaisseur; elle est percée au milieu de la largeur, d'un trou carré dans lequel la tige passe à frottement doux.

On perce, sur l'épaisseur de la tige, et de côté, une mortaise de six lignes de largeur et de huit à neuf lignes de l'autre bout, qui doit arriver à une ligne au moins, en contre-bas, du trou carré par lequel passe la tige, afin que la clé en bois qu'on y fait passer, puisse serrer sur la tige lorsqu'on la fait entrer en frappant sur le côté large, et puisse, par ce moyen, fixer invariablement la tête à la distance voulue.

On arme le bout de la tige dans sa partie latérale, et au-dessus de la tête, d'une pointe d'acier limée en biseau et qui sert à tracer le bois. Quelques ouvriers mettent de ces pointes aux quatre faces de la tige, à des distances inégales, afin d'avoir plusieurs mesures à la fois sur leur trusquin.

Les trusquins se font en cormier, en alisier, bien secs, ou en noyer.

Il y a des trusquins dont la tête est cintrée sur le plan, et d'autres qui, étant destinés à atteindre dans le fond des gorges et des ravalemens, ont de longues pointes ou des pointes qui s'avancent et se renfoncent à volonté.

Le trusquin d'assemblage a la tête octogone, et il diffère des précédens en ce que sa clé passe au milieu de la tige, laquelle est évidée dans son milieu en forme de coulisse. Cette tige, de cinq à six pouces de longueur, est garnie, sur chacune des faces de ses deux bouts, de deux pointes de fer, distantes l'une de l'autre, de la grosseur des assemblages qui peuvent varier depuis deux lignes jusqu'à huit et même plus.

Le trusquin, que nous avons représenté *planche idem, figure* 2, se fait ordinairement en cuivre. Il se compose d'une réglette divisée en pouces ou en millimètres, ce qui vaut mieux, qui entre à frottement exact dans l'étui carré B, et dans lequel elle se meut au moyen de la vis de rappel C, qui la fait sortir ou rentrer suivant le besoin. Sur la partie antérieure de l'étui B, est une boîte E, portant la vis de pression F, qui appuie sur un lardon mobile dont l'effet est d'opérer pression sur la réglette A, et de la maintenir dans l'écartement voulu; en avant de cette boîte est une plaque qui lui adhère G, laquelle étant bien dressée, représente la tête du trusquin ordinaire, et au bout de la réglette est un trou dans lequel est passée une tige d'acier trempé H, affûtée par un bout, et maintenue invariablement par une vis de pression I, placée sur le bout de la réglette. Il est inutile de dire combien cet instrument offre de facilités, et quels sont ses avantages sur le trusquin ordinaire.

Enfin, ces trusquins nouvellement inventés, dont nous avons parlé plus haut, se composent d'une tige ordinaire en bois dur, parfaitement dressée, à l'extrémité de laquelle est une vis de pression qui donne la facilité d'ôter et de remettre à volonté la pointe à tracer. L'*appui* ou *régulateur* porte, sur une de ses faces, une plaque de fer ou de cuivre, percée d'un trou taraudé, dans lequel est une vis de pression. Cette vis appuie sur la tige et maintient le régulateur à l'écartement convenable. On a soin, pour garantir cette tige des empreintes de la vis de pression, qui finiraient par la déformer, de mettre une semelle ou lardon en cuivre ou en fer, interposée entre la tige et cette vis.

La *fig*. 3, *pl*. 3, représente ce trusquin, A est la tige, B le guide ou régulateur, C la vis de pression qui sert à retenir la pointe à tracer, D l'écrou dans lequel entre la vis de pression qui maintient l'écartement du régulateur.

Tels sont les ustensiles qui servent à tracer, soit à l'aide d'une pierre noire, soit à l'aide du poinçon d'acier dont nous avons parlé.

Les Scies.

Les Scies se font de plusieurs grandeurs et de diverses manières, suivant les usages auxquels on les destine. Nous avons parlé plus haut, *p.* 180, de la construction de la scie allemande, qui, lorsqu'elle est bien conditionnée, sert ou du moins peut servir à la plupart des ouvrages courans. La *scie à tenons*, représentée *fig.* 8, *pl.* 2 (*scies*), a peu de voie. On doit veiller à ce que la lame soit emmanchée bien droit dans les montans ; elle doit être limée avec beaucoup d'attention, parce qu'étant destinée spécialement à faire des assemblages, il faut qu'elle marche très-régulièrement.

Sa lame peut avoir deux pieds de longueur, ou même vingt-six pouces sur deux pouces deux lignes à deux pouces six lignes de largeur.

La scie à arraser doit posséder les mêmes qualités que la scie à tenons ; elle en diffère seulement en ce qu'elle est plus petite. Nous le répétons, dans ces deux scies la denture doit être fine, bien égale, peu inclinée, et l'on doit donner peu de voie. Quand on choisit les lames destinées à cet usage il faut les prendre bien laminées et exactement égales d'épaisseur.

La *fig.* 9, *pl. idem*, représente une autre *scie à tenons*, à double lame ; elle offre cet avantage que, ne nécessitant pas l'emploi d'une corde pour sa tension, elle est moins sujette aux variations de l'atmosphère. Ces sortes de scies se voient rarement dans les chantiers, mais nous ne saurions en trop recommander l'usage aux amateurs et aux ouvriers en chambre. On peut mettre une lame de feuillet du côté où s'opère la pression, et avoir de la sorte une scie à chantourner et une scie à tenons sur le même fût. Quelques ouvriers remplacent cette seconde lame par une tringlette en fer taraudée par le bout, et recevant un écrou à oreilles : cette pratique est bonne ; mais pourquoi ne point remplacer cette tringle par une lame qui rend le même service quant à la tension, et qui, de plus, rend d'autres services ?

La scie à chantourner se fait à peu près comme la scie allemande, à cette différence près qu'on n'y met point de chaperons, mais de simples boulons de bois, ou mieux de fer, fendus dans leur tige à l'effet de recevoir la lame du feuillet (Voy. *fig.* 10 et 11, *pl. idem*). Les dents de cette lame sont ordinairement droites ; on leur donne une voie très-marquée, afin qu'elles puissent tourner plus facilement : ces lames doivent avoir très-peu de largeur.

Scie d'invention nouvelle. (V. *fig.* 12, *pl. idem.*) Cette manière de monter une scie est bonne à faire connaître, parce qu'elle sert de *passe-partout* dans bien des occasions, et que la facilité avec laquelle elle se monte et démonte, la rend d'un usage très-commode, soit pour le transport, soit sous le rapport de son limage et affûtage qui se fait fort facilement, la lame pouvant être prise dans l'étau, soit enfin sous le rapport de son emploi dans beaucoup de circonstances où les autres scies ne pourraient servir. La traverse A est une bandelette de fer battue à froid, roide et quelque peu élastique ; les deux montans B B se font en frêne ou même tout simplement en bon chêne, bois de fil. C D représente un de ces montans, vu de face et de profil. On voit en *b*, section C, la mortaise par laquelle passe la barre A, et en *a a*, sections C D, la petite encoche dans laquelle se place la goupille ou le clou rivé qui passe au travers de l'œil de la lame. Lorsqu'on veut monter cette scie, on passe la barre A dans les mortaises *b*, puis on place la lame dans les coupures K, section C, de manière que les rivures de la lame entrent dans les encochures *a a*; on donne alors quelques légers coups de marteau aux points *d d*, *fig*. 12, et cette scie est tendue. Une forte lame d'épée plate, posée sur champ, est suffisante pour tendre une scie à tenons ordinaire.

La *fig*. 13 représente une scie, *passe-partout*, connue des marchands, sous le nom de *scie à voleur*. On ne donne pas de voie à ces scies, qui sont dentées du côté épais de la lame; elles servent à découper des ronds, des ovales et autres figures dans des parties pleines, à emmancher les outils, et à une infinité d'autres ouvrages. Il suffit de percer un trou de vrille très-petit dans une planche, pour que la scie puisse s'y frayer le passage et opérer toutes les découpures voulues, surtout si on la ménage et qu'on évite de casser sa pointe, qui doit être fine et allongée.

La scie à dossière, représentée *fig.* 14, *pl. idem*, est très-commode pour le menuisier, encore bien qu'elle soit plus utile au charpentier en bateaux : on lui donne de la voie et on la lime comme les scies ordinaires.

La scie à cheville est un morceau de lame de scie très-large, fixé à l'aide de vis fraisées ou de rivures à fleur, sur un morceau de bois coudé ; elle sert à scier *les chevilles* dans les intérieurs ou même à l'extérieur, sur les surfaces planes, où toute autre scie ne saurait atteindre. On ne donne pas de voie à cette scie dont la denture doit être très- fine. L'inspection de la *fig.* 15, *pl. idem*, § A B, suffira pour faire comprendre cette définition.

La scie à placage se fait à peu près de la même manière que la scie à cheville, à cette différence près que la poignée n'est point coudée, mais a seulement un manche relevé en haut, afin qu'il soit facile de s'en servir en suivant une règle contre laquelle on appuie la lame qui doit, en conséquence, affleurer la monture et être fixée dessus dans une encastrure, par des vis fraisées. (Voy. *fig.* 17, *a* le manche, *b* la lame.)

La manière de tailler les dents de la lame diffère également. Quelques ouvriers font ces dents droites; mais le plus grand nombre les incline en dedans de chaque côté, afin qu'en aucune rencontre il ne soit possible d'écorcher ou de faire éclater le placage. A cet effet, ils font droite la dent du milieu, et inclinent les autres en sens contraire, ainsi qu'on peut le voir par la *fig.* 16, *pl.* 2, (*scies*) dans laquelle cette lame est représentée sur une assez grande échelle. On choisit, pour le faire, un morceau de scie d'une grande largeur.

En général, la forme des scies varie infiniment. Nous n'avons parlé que de celles qui sont les plus usitées : nous nous proposons de traiter particulièrement ce qui concerne les scies mécaniques à fendre le placage, et les scies circulaires avec lesquelles on débite les gros bois. Ces façons de scier seront comprises dans la *menuiserie mécanique.*

Les Bédanes, les Ciseaux.

Le bédane ou *bec-d'âne*, est l'outil qui sert à percer les mortaises; il s'em-

l'aide du maillet : cet outil est
[des] plus utiles ; aucun autre ne saurait le remplacer. Il doit, en principe,
être fait de telle sorte, que l'endroit qui
[porte] (le taillant) soit le plus large de
[tout l']outil, et que cette disposition se
maintienne malgré l'affûtage et l'usure,
ainsi qu'on le voit dans la *fig.* 8, *pl.* 3.
Cette condition se trouve remplie par la
double décroissance de l'outil ; A le représente vu de face, B vu de profil et
par derrière. La ligne *a b* est plus large
que celle *d d*, § A ; et plus large que
celle *c c*, § B.

Les proportions du bédâne sont dé-
terminées par la grandeur des mortaises
qu'on veut faire ; il y en a de deux lignes
de largeur jusqu'à dix lignes, variant
également de longueur entre six et dix
pouces. L'acier de ces outils est sur le
devant, et monte à peu près jusqu'à la
ligne ponctuée *e*. Cette metture d'acier
est marquée en profil par la ligne *e*, dans
la section B de la figure. Nous dirons, à
l'article *affûtage*, quel est l'angle qu'il
convient de donner à son taillant, pour
qu'il coupe convenablement et vide facilement la mortaise.

Lorsqu'on achète un bédâne, il faut

le choisir d'une trempe qui ne soit ni trop dure ni trop tendre, parce que, ainsi que nous le dirons ailleurs, cet outil est sujet à s'égrainer, c'est-à-dire à s'ébrécher, sous les coups redoublés du maillet.

Le ciseau est un outil plat dont l'acier est placé en dessus comme dans le bédâne. Il y a également des ciseaux de toutes grandeurs, mais l'assortiment pour ce genre d'outils n'est pas de rigueur comme pour le bédane. Un ou deux ciseaux suffisent ordinairement, un de six ou huit lignes, un de douze ou quatorze lignes, plus ou moins. Le ciseau s'emmanche comme le bédane; mais, comme on frappe moins souvent sur lui avec le maillet que sur ce dernier, et qu'on l'emploie souvent à la main, on doit tenir ce manche plus léger et plus arrondi. La *fig.* 9, représente le ciseau vu de face et de profil. Comme dans la *fig.* 8, nous avons indiqué, par une ligne ponctuée, la situation de l'acier.

Les Bouvets.

Il y a plusieurs espèces de bouvets;

nous ne nous occuperons maintenant que de ceux dits *d'assemblage*. Lorsqu'on veut réunir plusieurs planches entr'elles pour en former un panneau, un dessus de table, une porte, un volet, ou tout autre objet pour lequel la largeur d'une planche ordinaire serait insuffisante, la réunion ne serait pas solide si l'on se contentait de le faire par approche et en dressant seulement les champs, comme cela a lieu dans les ouvrages de peu d'importance. On opère alors cette réunion au moyen de languettes qui entrent à pression exacte dans des rainures pratiquées sur les champs, et dont on augmente encore la cohérence au moyen de la colle-forte qu'on y insère. Plusieurs planches ainsi réunies entr'elles se nomment *bouvetées*, c'est-à-dire assemblées par le moyen du bouvet. Le bouvet d'assemblage sert encore dans plusieurs autres cas : par exemple, lorsqu'il s'agit de renforcer par un encadrement en chêne destiné à le maintenir, un panneau trop faible et qui se voilerait facilement, ou lorsqu'il s'agit d'encadrer un panneau, et dans une infinité d'autres cas. Nous allons entrer dans quelques détails sur cet important outil; nous parlerons particulièrement de la manière de le construire, ce que nous dirons à cet égard pouvant également s'appliquer aux feuillerets, aux outils à moulures, et à plusieurs autres outils à joue dont la lumière est placée sur le côté.

On doit d'abord se fixer sur la largeur du bouvet qu'on veut faire, et acheter son fer en conséquence. L'outil doit varier suivant l'épaisseur des planches qu'il doit assembler; les panneaux et autres bois minces nécessitent l'emploi de bouvets de quatre, cinq et six lignes; d'autres ont neuf lignes, et ainsi de suite, suivant la force des planches qu'il s'agit de réunir. En achetant les fers, il faut regarder attentivement, et s'assurer s'ils ne sont point pailleux ou gercés, et si le bédane, qu'on nomme le *mâle*, est convenablement assorti avec son fer opposé, qu'on nomme la *femelle*. Ce dernier fer, il est vrai, peut s'ouvrir ou se resserrer; mais il vaut mieux ne pas être obligé de recourir à cette opération, lors de laquelle il arrive souvent qu'on fait éclater l'acier qui recouvre la planche, s'il a été trempé trop sec. Les *fig*. 18 et 19, *pl.* 3, représentent ces fers; ce que nous avons dit de la forme du bédane s'applique à la *fig*. 19 : quant à celle 18, c'est tout simplement un ciseau fendu.

Lorsqu'on a fait l'acquisition des fers, on prépare un morceau de cormier, de cœur d'alisier, ou de tout autre bois dur qu'on met bien d'épaisseur, et qu'on dresse sur toutes faces; puis, avec un trusquin, on trace la ligne *e*, *fig*. 16, 17 et 21, qui doit être déterminée par l'épaisseur du fer. On aura soin de laisser à la joue une épaisseur convenable, et qui laisse assez de force au bois pour que le coin ne puisse ouvrir la lumière et faire voiler l'outil. Cette précaution prise, on fait la feuillure *b*, et on trace la lumière, dont la pente peut varier de 5o à 6o degrés ; on fait cette lumière au moyen de deux traits de scie donnés bien carrément, et on ajuste le fer. Nous pensons qu'il est inutile d'entrer dans toutes les circonstances de la fabrication, l'inspection de la figure devant suffire, et la forme des fers indiquant la forme à donner au fût. Il est probable, d'ailleurs, qu'on n'entreprendra point de faire un bouvet sans en avoir un sous les yeux pour modèle, ou que du moins on en aura vu souvent. La *fig*. 16 représente le bouvet femelle vu en bout, la *fig*. 21 le représente vu de profil ; celle 17 représente le mâle, également vu en bout ; celle 22 indique la forme du coin, sur lequel nous appelons l'attention.

Le bouvet est un outil fort sujet à se *bourrer,* c'est-à-dire à s'emplir tellement de copeaux, que les nouveaux copeaux ne peuvent plus se frayer un passage ; c'est ce qui fait qu'on doit tailler le coin en bec-de-flûte très-allongé, de manière qu'il offre un dégagement, sans cesser pour cela de serrer le fer et de le maintenir stable. Nous devons encore faire une observation : cet outil est souvent très-dur à pousser, cela vient ordinairement de ce qu'il n'est pas bien en fût, c'est-à-dire qu'il est conformé de telle manière, que le bois déborde le fer dans quelque partie sur laquelle s'opèrent des frottemens nuisibles ; on doit donc *bornoyer* attentivement l'outil, et faire en sorte que le fer domine partout.

Il n'est guère possible, dans les bouvets de six lignes, de faire en bois la languette *a*, *fig*. 20 : elle devient alors trop mince, et n'a pas assez de consistance. Dans ce cas, on remplace cette languette en bois par une bande de fer battu divisée en deux parties, l'une antérieure et l'autre postérieure, et coupées en angle, suivant l'inclinaison de la lumière. On fait tenir ces paremens en fer, soit avec des rivures, soit avec des vis à têtes fraisées et affleurant exactement.

Les bouvets de six lignes se font ordinairement d'une seule pièce, le mâle à droite et la femelle à gauche; on réserve, entre les deux, la joue qui est alors commune, ainsi qu'on peut le voir dans cette même *fig*. 20, représentant le bouvet en bout; et dans celle 23 le présentant vu de profil; *a* est la joue, *b* le côté fendu faisant la languette, *c* le bédane faisant la rainure.

Indépendamment de ces bouvets, il en est encore un autre qui sert aux assemblages et dans quelques autres circonstances; c'est le bouvet *de deux pièces* ou à *écartement*. Il s'emploie pour assemblages, lorsque l'on veut unir, à rainure et languette, deux planches d'une épaisseur très-inégale, ou bien lorsqu'il s'agit d'assembler à angle droit un panneau sur un soubassement, dont la saillie en dehors doit dépasser la portée du bouvet ordinaire.

Le bouvet de deux pièces ne diffère

du bouvet mâle ordinaire qu'en ce que, la joue étant mobile, il est loisible à l'ouvrier, en reculant ou avançant cette joue, d'étendre ou de diminuer la portée de cet outil; il se fait de plusieurs manières : la plus simple est représentée dans les *fig.* 14, 15, 24 et 25, *planche* id. Deux tiges de bois de fil et pouvant avoir un pouce carré, sont emmanchées dans le fût du bouvet, dans lequel elles sont fixées, soit à l'aide de vis à têtes forées, comme on le voit *fig.* 14, soit simplement par un assemblage très-juste, collé solidement. Ces deux tiges traversent une joue mobile, percée de deux trous carrés, qui glisse à pression exacte, mais sans trop de résistance, sur les deux tiges, et qui se fixe à l'écartement voulu au moyen de deux clavettes semblables à celle du trusquin simple (Voy. *fig.* 24). Ces tiges en bois doivent être adoucies sur les angles, afin qu'elles ne puissent blesser la main qui les serre.

On voit certains bouvets à écartement dans lesquels ces tiges en bois sont remplacées par des vis en fer ou même en bois. Nous avons représenté à part, *fig.* 26, une de ces vis; la partie carrée *a*, ainsi que la tête, se noie dans le bouvet; l'écrou libre *b* se place entre l'outil et la joue, la joue entre les deux écrous *b* et *c*. Lorsqu'on veut donner l'écartement convenable, on desserre les écrous à oreilles, on amène la joue, et on la fixe contre l'embase des écrous *c*, en la pressant avec les écrous libres *b*. Nous nommons ces écrous *libres*, parce qu'ils ne sont nullement pressés sur la vis, mais qu'ils courent librement dessus. Cette manière de faire les bouvets à écartement a été presque totalement abandonnée, les vis n'étant pas d'une prise commode, et on les fait plus généralement, suivant le mode représenté par la *fig.* 25, *planche* id.

Cette manière de faire la joue du bouvet à écartement exige plus de frais de construction; mais l'usage en est meilleur, et l'outil dure bien plus long-tems sans se détériorer; les tiges se font carrément, comme celles représentées *fig.* 14 et 15. On adoucit les angles du côté où s'opère l'effort de la main, et on les fait tenir dans le bouvet, soit à l'aide de vis, soit par l'exact assem-blage, ainsi que nous l'avons dit plus haut. La joue se perce comme à l'ordinaire, pour donner passage aux tiges; puis, à mi-bois, on fait l'encastrure *a a*, dans laquelle on ajuste un collier de bois de fil sur la hauteur, percé au centre, d'un trou carré dont l'ouverture est déterminée par la grosseur des tiges. Ce collier remplit exactement l'encastrure *a* sur la largeur, mais doit être moins long d'une ligne, ou une ligne et demie à peu près, dans sa longueur, afin de pouvoir recevoir une impulsion d'ascension qui lui sera communiquée par la vis de rappel dont il sera parlé plus bas. Ce collier se fait ou droit ou à talon, ainsi qu'il est représenté à part et vu de profil, *fig.* 27, *planche id.* Dans ce cas, on doit percer dans la joue un second trou au-dessus du premier, et destiné à donner passage à ce talon.

Qu'on ait fait le collier d'une ou d'autre façon, on le perce, dans sa partie supérieure, d'un trou perpendiculaire destiné à recevoir la vis de rappel; on encastre un écrou ajusté dans ce trou, et l'on arrête la vis dans la joue, au moyen d'une bride en fer dans laquelle tourne son collet. La *fig.* 28 représente cette vis vue à part.

Bouvet à approfondir.

Bien que ce bel outil ne doive pas être compris dans la classe des outils propres aux assemblages, puisqu'il ne sert qu'accidentellement à cet usage, et que ses principales fonctions sont tout autres ; nous avons cru, cependant, devoir en parler ici, pour n'avoir plus à revenir sur ce sujet.

Le bouvet à approfondir se vend fort cher ; il est très-compliqué, mais il est d'un usage si commode et économise tellement le tems et la matière, que les ouvriers les moins aisés ne balancent pas à en faire l'acquisition. Nous avons donc cru faire plaisir à nos lecteurs, en leur en donnant une description circonstanciée qui pût les mettre à même de le fabriquer eux-mêmes.

Comme les autres bouvets mâles, le bouvet à approfondir peut faire une rainure destinée à recevoir une languette ; comme les bouvets à écartement, il peut faire cette rainure à une distance voulue, selon la portée de ses branches ; mais il a cet avantage sur les autres bouvets, qu'il donne à l'ouvrier la faculté de faire cette rainure peu profonde ou de la faire pénétrer très-avant dans le bois. Cet avantage paraît, au premier coup d'œil, peu considérable, mais on ne tardera pas à sentir tout ce qu'il a de profitable.

Supposons que l'on voulût faire une feuillure large et haute de quatorze à quinze lignes, telle que celles qui se pratiquent au battant d'une porte-cochère ou autre ; on sera obligé, si l'on n'a pas cet outil, de se servir d'un large feuilleret, et comme on n'en a pas souvent de cette portée, il faudra avoir recours au guillaume pour donner à la feuillure les dimensions voulues, et on courra souvent le risque de la faire peu droite et peu exacte ; avec le bouvet à approfondir, la besogne est plus promptement et plus sûrement faite. Après avoir donné l'écartement convenable, on pousse sa bouveture jusqu'à la profondeur requise ; puis, attaquant le bois sur l'autre rive, on pousse une pareille bouveture faite de manière qu'elle vienne rejoindre la première ; il s'enlève alors une tringle carrée de la longueur du battant ; cette tringle peut trouver son emploi, et, indépendamment du profit qu'elle rap-

porte, son enlèvement épargne à l'ouvrier la peine de réduire en copeaux
l'emplacement qu'elle occupait. Lorsque
l'opération est souvent répétée, il y a
économie de tems et de matière, ainsi
que nous venons de le dire, à se servir
du bouvet. La *fig.* 16 de la *planche* 4,
représente un morceau de bois vu en
bout, dans lequel on a pratiqué deux
bouvetures destinées à procurer l'enlèvement de la baguette A également vue
en bout.

La *fig.* 1re de cette même planche représente la joue du bouvet vue en dehors;
elle peut avoir neuf pouces de longueur
sur trois pouces neuf ou dix lignes de
hauteur, et quinze à dix-huit lignes d'é-
paisseur; elle est percée en A A de deux
trous carrés, destinés à livrer passage
aux deux tiges d'écartement. Ces trous
ne sont pas absolument carrés, un
de leurs angles est arrondi de manière que la tige, qui affecte la même
forme, ne puisse blesser la main. On
voit en B B les vis de pression, qui servent à maintenir la joue à l'écartement
convenable. Ces vis passent dans des
écrous dont il sera parlé plus bas, et
viennent appuyer sur un lardon C, qui

opère la pression et garantit la tige des empreintes de la vis, qui ne tarderaient pas à la détériorer. La *fig.* 2 représente cette même joue vue en dedans ; on lui laisse toute son épaisseur par le bas (V. *a*, *fig.* 2 et *fig.* 3, représentant cette même joue vue en bout), et on perce en D D, *fig.* 2, deux mortaises dans lesquelles on encastre l'écrou en fer des vis de pression B B, qu'on recouvre d'une petite pièce ajustée et collée ensuite. On ajuste ensuite deux rebords *b b b*, *fig.* 2 et 3, que l'on fixe avec de bonnes vis à filets évidés et à tête fraisée, dont la place est indiquée dans l'une et l'autre figure, en face et de profil.

Les lardons C dont nous venons de parler sont en fer ou en cuivre ; ils peuvent avoir deux lignes ou deux lignes et demie d'épaisseur, et sont taillés de telle manière qu'ils ne puissent avancer ni reculer lorsqu'on fait glisser la joue sur les tiges d'écartement. La *fig.* 9 en donne la forme ; le petit cercle ponctué indique l'endroit où pose la vis, et l'encastrement se fait de telle sorte que, de chaque côté, il n'y ait qu'une moitié du lardon d'apparente, ainsi qu'on peut le voir en C C C C, *fig*. 1 et 2, où elles paraissent ; en dehors, *fig*. 1, et en dedans, *fig*. 2.

La *fig*. 4 représente la joue vue en dessus : on voit en B B les trous dans lesquels entrent les vis de pression, et qui sont garnis à leur orifice d'une petite semelle de fer ou de cuivre, destinée à prévenir les déformations du trou, qui auraient bientôt lieu sans cette précaution. Il est facile de voir, par les *fig*. 1, 2, 3 et 4. représentant la joue vue sur tous ses sens, excepté par le dessous, et dont le dessin est suffisamment expliqué par la *fig*. 3, qu'il règne presque tout autour un chanfrein destiné à ménager la main.

La *fig*. 5 représente le bouvet vu par devant ; A A sont les deux parties de la plaque en fer, fixées après le fût par sept vis à tête fraisée, vues en profil en A, *fig*. 7, représentant le bouvet vu en bout, et par derrière en A A, dans la *fig*. 6, représentant le bouvet vu par le dedans. Cette plaque doit être haute de vingt à vingt-deux lignes. B B, *fig*. 5 et 7, font voir, en face et de profil, les vis à têtes forées, qui servent à fixer les tiges ; elles doivent être placées de manière que le rebord des rondelles sur lesquelles elles appuient, puisse déborder sur la plaque A A et concourir à son maintien. C C, *fig.* 5, indiquent des petites semelles de fer ou de cuivre, encastrées dans le bois et fixées à l'aide de vis à tête fraisée, au milieu desquelles on distingue le trou livrant passage aux vis C, *fig,* 7 ; ces vis servent à opérer une pression sur les coulisseaux dont il sera parlé plus bas.

L'écrou à oreilles D, vu en face, même *fig.* 5, de profil *fig.* 8, représentant le bouvet vu en dessus et en coupe *fig.* 13, sert à faire mouvoir la roue dentée, destinée à faire monter ou descendre la crémaillère. On encastre également une petite semelle en fer ou en cuivre, fixée par des vis à tête fraisée, à l'endroit où cet écrou opère son frottement ; E est le coin qui serre le fer F et le tient en place concurremment avec le morceau rapporté, qu'on peut voir en G, *fig.* 7 et 8. Ce morceau G, *fig.* 5, est collé sur le fût et fait corps avec lui.

La *fig.* 6 représente le bouvet vu en dedans ; A A, comme on vient de le dire, est la plaque en fer qui ne doit dépasser le fût, de ce côté, que de 14 à 15 lignes, ainsi qu'on peut d'ailleurs le voir *fig.* 7. B B indiquent les trous donnant passage aux vis ; B B B B B, *fig.* 5, 7, 8, les carrés ponctués que l'on a tracés autour de ces trous B B indiquent la place occupée par le bout des tiges. Les coulisseaux en fer dont il a été parlé plus haut, et qui reçoivent l'effort de la pression des vis C C C C, mêmes *fig.* 5, 7 et 8, sont visibles, dans la *fig.* 6, en C C, et en *x*, *fig.* 7, dans laquelle ils sont vus de profil. Ces coulisseaux sont assemblés à tenon et mortaise, avec la réglette I I, *fig. idem*, vue à part et à plat, *fig.* 11. Ils glissent, en descendant et en montant, dans une encastrure pratiquée dans le fût, et recouverte d'une planchette ajustée et collée, dont une partie se voit à l'extérieur en H, *fig.* 5, assujétie, d'ailleurs, par la plaque A A A, *fig.* 5, 6 et 7, et par la pièce rapportée G G G, *fig.* 5, 7 et 8 et 15. La partie D de cette même *fig.* 6, est le bas de la crémaillère en cuivre à l'aide de laquelle la réglette I I monte et descend le long de la plaque A A, ainsi qu'on peut le voir en I, *fig.* 7. Cette crémaillère en fer ou en cuivre, mais plutôt faite de ce dernier métal, s'assemble, à queue d'aronde, avec la réglette II, les deux queues II, *fig.* 11, sont la partie inférieure de la crémaillère, comme *c c*, même figure, indiquent les tenons des coulisseaux. Les *fig.* 12 et 14, représentent les deux manières dont la crémaillère peut être faite ; dans le bouvet qui nous a servi de modèle, on avait employé la forme donnée par la *fig.* 12. Ainsi que les coulisseaux, cette crémaillère monte et descend dans une encastrure pratiquée de même dans le fût, à l'endroit marqué I, sur la *fig.* 5, et recouverte de même d'une planchette ajustée, collée et maintenue comme les planchettes de recouvrement des coulisseaux, par la plaque A A, et par la pièce rapportée G, *fig.* 5, 7 et 8.

Les figures 7, 8 et 9, ont été suffisamment expliquées par ce qui précède.

La *fig.* 10 représente, en A, la coupe de la partie postérieure, ou plus grande partie, de la plaque A A, *fig.* 5 et 6 : elle est limée en angle ou à double biseau, afin que la rainure angulaire pratiquée sous le fer, dont F, même figure, indique la coupe, puisse la recevoir, et qu'il soit de toute impossibilité que ce fer, pressé d'ailleurs par le coin, puisse varier en aucune manière.

La *fig*. 11 représente la réglette mobile II, *fig*. 6, vue par dessous. Cette réglette, dont la largeur est à peu près indiquée en I, *fig*. 7, se fait ordinairement en fer, et peut avoir une ligne ou une ligne et demie d'épaisseur.

La *fig*. 12 représente la crémaillère dont il a été question plus haut : on la fait ordinairement en cuivre ; on choisit, pour la faire, une planche de laiton de deux lignes d'épaisseur, sur le côté de laquelle on fait des dents avec une lime tiers-point. Ces dents doivent se raccorder avec celles de la roue dentée A, *fig*. *idem*, faite avec un morceau de fer ou de cuivre de même épaisseur. La crémaillère s'assemble par le bas avec la réglette mobile, ainsi que nous l'avons expliqué plus haut. Quant à la roue A, elle est percée au centre d'un trou carré par lequel on fait passer un petit arbre de dix-huit ou vingt lignes de longueur.

La *fig*. 13 représente ce petit arbre. Le tourillon A est rond et est destiné à entrer dans une crapaudine en cuivre, percée d'un trou de grosseur et qu'on encastre dans le fût ; la partie B est le carré sur lequel se place la roue dentée A, *fig*. 12 ; la partie C est une autre partie arrondie, destinée à tourner dans un double coussinet en cuivre, encastré dans la pièce de rapport G, *fig.* 5, 7 et 8. La partie D est son second carré destiné à recevoir la pièce à oreilles D, *fig.* 5 et 8, et représentée en coupe dans cette même figure 13. La partie E, qui suit, est cylindrique et taraudée, afin de recevoir un écrou qui sert à assurer la stabilité de la pièce à oreilles D, et à empêcher qu'elle ne puisse sortir de dessus le carré. La place de la crapaudine, de la roue dentée, des coussinets, de la pièce à oreilles et de l'écrou, est indiquée autour de cet arbre par des lignes ponctuées *f*.

La *fig.* 14 donnera l'idée d'une autre manière de faire la crémaillère, moins usitée que celle *fig.* 12, mais qu'on est quelquefois contraint de pratiquer lorsqu'on veut donner moins de pente au fer du bouvet.

La *fig.* 15 offre la coupe du bouvet à l'endroit où est pratiqué le creux destiné à recevoir l'arbre, *fig.* 13, la roue dentée, et la crémaillère *fig.* 12; A est l'endroit occupé par la crapaudine; B celui occupé par la roue dentée, et enfin G la coupe de la pièce rapportée dans laquelle sont incrustés les coussi-nets C, *fig.* 13.

La *fig.* 16 représente une des deux vis de rappel qu'on substitue à la cré-maillère et à la roue dentée, lorsqu'on ne peut ou qu'on ne veut pas l'em-ployer. Dans ce cas, les coulisseaux C C, *fig.* 6, également faits en fer, sont ter-minés par le haut par un coude ou talon que l'on voit en *a*, *fig.* 16. Ce talon est percé d'un trou vertical taraudé, dans lequel passe la vis de rappel à oreilles *b*, *fig. ibid.* Cette vis, sort en dessus du bouvet, aux points marqués X X, *fig.* 6; elle s'appuie, par le bas, sur une petite semelle en fer ou en cuivre *c*, placée dans le bas de l'encastrure, et est retenue par le haut par un collier en fer *d*, dans lequel entre l'étranglement pratiqué au col de la vis destinée à la maintenir. On conçoit qu'en tournant la vis qui ne peut varier, on fait monter ou descendre l'écrou *a*, formant la partie supérieure du coulisseau, qui transmet ce mouve-ment à la réglette I I l, *fig.* 6, 7 et 11. L'encadrement *e e* indique la coupe du fût, et les lignes ponctuées *f f*, l'endroit où s'opère la pression des vis de pres-sion C C, C, C C, *fig.* 5, 7 et 8, qui, dans ce cas, restent les mêmes que dans le bouvet à crémaillère.

Nous avons cru devoir donner une attention particulière à ce bel outil, assez compliqué pour nécessiter les longs détails dans lesquels nous sommes entrés, parce qu'il est encore si peu connu, que les ouvriers éloignés des grandes villes ne pourront s'en procurer de modèles ; nous espérons qu'ils pourront en fabriquer sur notre seule indication. C'est ce qui nous a déterminé à nous exposer à des redites plutôt que de laisser quelqu'obscurité. Cet outil est tellement utile, que nous avons vu des ouvriers cherchant à y suppléer par des bouvets ordinaires, dans lesquels ils enfonçaient des chevilles ou faisaient passer des vis qui ne rendaient qu'un service incomplet et très-difficile à obtenir. Nous ne nous dissimulons pas que l'ouvrier qui aura, un quart-d'heure, dans la main un bouvet à approfondir, en saura plus que celui qui n'aura que nos démonstrations ; mais enfin, nous aurons fait ce qui dépendait de nous ; l'industrie de l'artiste devra faire le reste.

Assez ordinairement on a un assortiment de fers qui s'ajustent sur le bouvet à approfondir, et dont la largeur varie depuis une ligne jusqu'à deux, et même trois.

Les Sergens.

Ils se font en fer ou en bois. Les premiers sont plus usités dans la bâtisse ; le menuisier en meubles et l'ébéniste font plus volontiers usage du second. Nous avons représenté les plus usuels dans l'une et l'autre manière de les faire. La *fig.* 5, *pl.* 3, représente le sergent en fer le plus ordinaire. La pression s'opère, comme tous les ouvriers le savent, en frappant avec le maillet sur la pate mobile A, qui coule librement le long de la tige B. La *fig.* 7 représente un autre sergent en fer de forme plus moderne, dans lequel la pression s'opère par le moyen d'une vis, moyen qu'on doit toujours préférer en toutes choses, lorsqu'il est possible de le mettre en usage. La pate mobile A monte et descend le long de la tige, et s'arrête à un écartement voulu, au moyen de la crémaillère. La pate B est également mobile et destinée à recevoir la pression de la vis : on la remplace, dans les sergens qui en sont dépourvus, par une cale en bois. La ligne ponctuée C indique la colonne de pression. La *fig*. 6 représente le sergent en bois dont les ébénistes font plus particulièrement usage. Son emploi diffère peu de celui du sergent représenté *fig*. 7. L'assemblage de la traverse du haut se fait à double tenon. La seule chose sur laquelle nous pensons qu'il soit essentiel d'appeler l'attention de nos lecteurs dans la construction très-simple de ce sergent, c'est sur la crémaillère qui ne doit pas être faite à angle, mais dont les dents doivent être arrondies à peu près comme celles des scies des scieurs de long, et telles que nous les avons représentées à part, sur une plus grande échelle en A, *fig*. 6. Cette disposition des dents est nécessitée par la manière dont se fait la bride B, *fig. idem.* C'est une paire de petites bandelettes de fer ou de cuivre, arrondies et percées à leurs extrémités, et dans lesquelles on fait passer deux petits boulons de fer arrondi, rivés sur les trous dans lesquels ils doivent cependant tourner librement : ces petits boulons peuvent être faits avec de très-gros fil de fer ou de la tringlette. La forme ronde de ces boulons correspond avec la rondeur des dents de la crémaillère, dans lesquelles ils s'engagent solidement.

On fait encore d'autres sergens à double ou quadruple tête, qui servent à presser plusieurs objets à la fois, au moyen d'une vis placée sur le sommet. Nous n'avons pas cru devoir entrer dans le détail de ce qui les concerne ; ils sont très-connus et peu usités, ce qui fait présumer qu'ils ne sont pas d'un emploi commode et avantageux.

§ V. *Guillaumes, Feuillerets, Rabots à moulures, outils à percer et autres ustensiles divers.*

Indépendamment des outils dont nous venons de parler dans les sections précédentes, il en est encore plusieurs qui sont indispensables et dont l'atelier du menuisier doit être garni. Nous allons les passer en revue, en insistant particulièrement sur ceux qui nécessiteront des détails.

Le guillaume, fig. 1, *pl.* 1re, est un rabot d'une forme particulière dont le menuisier ne saurait se passer, parce qu'aucun autre outil ne saurait le remplacer pour l'espèce d'ouvrage dans lequel on l'emploie. On conçoit que, lorsqu'il s'agit de dresser un angle rentrant, d'élargir une feuillure, d'atteindre sur une plate-bande encadrée de moulures ou de baguettes, le rabot ordinaire ne saurait rendre aucun office ; les joues qui terminent la lumière de chaque côté, s'opposent à ce que le fer puisse atteindre dans les angles. Il a donc fallu chercher à faire un rabot construit de telle sorte, que le fer occupât toute la largeur du fût. Les fers ordinaires ne pouvaient servir dans ce cas, parce qu'il devenait impossible de les monter. On imagina d'échancrer le fer de chaque côté au-dessus de la metture d'acier, et de réserver au milieu une tige qui servirait à maintenir ce fer dans le fût. Cette forme remplissant les conditions exigées, on en fit dans les fabriques de tout échancrés : ils reçurent le nom de *fers à guillaume*. Nous avons représenté ce fer vu à part et par-dessous en *a*, *fig.* 1.

Lorsqu'il s'agit de le monter, ou choisit un morceau de cormier bien sec, ou tout autre bois dur, tel qu'alisier, amandier ou autres, pris dans le cœur. On en coupe un morceau de douze ou quinze pouces de longueur et de trois pouces et demi ou quatre pouces de hauteur; quant à l'épaisseur, elle est déterminée par la largeur du fer qu'on aura choisi. Lorsque ce morceau est dressé sur une de ses faces et en dessous, on trace la ligne inclinée qui doit déterminer la pente de la lumière. Quelques ouvriers s'occupent de suite du percement de cette lumière et du placement du fer, et ne dressent définitivement le fût que lorsque le fer est irrévocablement fixé. Nous conseillons à ceux qui ne sont pas encore experts, d'en agir ainsi, parce que, s'ils commettent quelqu'erreur lors du percement de la lumière, ils pourront ensuite la réparer facilement, en ôtant du bois du côté fort, et qu'ils parviendront de la sorte à mettre leur *fer en fût*, opération qui doit particulièrement attirer l'attention dans la construction de ce rabot. Mais les ouvriers ne prennent pas tant de précautions; sûrs de leur main, ils commencent par mettre leur bois d'épaisseur et d'équerre; et, après avoir tracé la lumière et en avoir déterminé la largeur par deux traits faits avec le trusquin, ils percent un trou avec une mèche proportionnée, en suivant la ligne marquée sur le côté qui sert à déterminer la pente que l'on veut donner au fer.

Comme les guillaumes sont sujets à mordre avec âpreté, et que d'ailleurs on est souvent obligé de les employer à *brousse-bois*, c'est-à-dire en relevant le fil du bois, on tient ces fers le plus droit possible. Lorsque le trou est percé jusqu'à la moitié de sa profondeur, on retourne le morceau de bois et on tâche, en perçant de l'autre côté, de faire correspondre de manière qu'il y ait le moins de rencontre possible. On agrandit ce trou, qu'on rend carré à l'aide de la scie à voleur, représentée *fig.* 13, *planche* 2 (*scies*), et l'on en forme la lumière dans laquelle on fait entrer la tige du fer en la fourrant par le bas : on l'y fixe au moyen d'un coin. On donne alors à la lumière, par le bas, un dégagement semi-circulaire, ainsi qu'on le voit en *b fig.* 1 ; et, comme il pourrait arriver que les copeaux s'amassassent dans ce dégagement, on le taille en chanfrein circulaire tout autour, et de chaque côté.

Le fer doit couvrir exactement toute la partie aplatie de la lumière; quelques ouvriers le font un peu dépasser de chaque côté, et, dans ce cas, avivent les arêtes de ce fer; mais le plus grand nombre le tient absolument égal au fût, afin qu'il ne puisse attaquer le bois sur le côté; et, comme il arrive assez souvent qu'un fer de cette largeur, et qui n'est retenu dans le bois que par une tige de peu de largeur, est sujet à crier et à darder, ils collent sous le fer un petit carré de cuir sur lequel ce fer s'appuie, ce qui le fait couper plus uniformément et rend l'outil moins dur; ils ont aussi besoin de faire le coin assez long pour qu'il descende en avant sur le fer; ils l'amincissent du bout, et le taillent en pointe, afin qu'il ne puisse arrêter le copeau.

Il y a trois manières de placer le fer dans la lumière. On fait le trou juste égal en largeur à la largeur de la queue du fer, ou bien on fait ce trou plus large, afin qu'en frappant à gauche ou à droite de cette tige, il soit facile de *mettre l'outil en fût*, c'est-à-dire, de placer le fer de telle sorte qu'il ne soit pas plus saillant d'un côté que de l'autre sur le dessous du guillaume. Lorsque le trou est égal en largeur à la queue du fer, on n'a point cette facilité, et le fer devient plus difficile à affûter, parce que ce n'est que par l'affût qu'on peut parvenir à mettre l'outil en fût. Dans la deuxième manière, on fait la lumière plus large que la queue du fer, afin de donner plus de force au coin; mais on creuse au fond une rainure dans laquelle on couche la queue du fer. La troisième manière ressemble à cette dernière, à cette différence près que la rainure n'est pas pratiquée dans le fond de la lumière qui reste plane, mais bien dans le coin, qui se met alors à cheval sur la queue du fer. On pourra choisir dans ces diverses manières d'agir; nous avons toujours monté nos guillaumes en laissant un peu de jeu à la queue du fer, et nous nous en sommes toujours assez bien trouvés. Nous devons convenir cependant que des amateurs, dont les avis ne sont pas à dédaigner, nous ont assuré que le fer, maintenu solidement d'une manière ou d'autre, rendait un meilleur office, et qu'on ne devait pas être détourné de le placer ainsi, par l'espoir d'un affûtage plus facile.

Le *feuilleret* est un rabot qui sert à faire des feuillures. On distinguait autrefois les feuillerets d'établi des feuillerets courans; cette distinction n'a plus lieu. Les feuillerets ordinaires sont un peu moins grands que les guillaumes; leur construction diffère essentiellement.

La *fig.* 2, *pl.* 1re, représente un feuilleret. On le fait ordinairement en cormier, après avoir mis son bois d'épaisseur et d'équerre, on fait par le bas, à l'aide d'une scie ou d'un bouvet à approfondir, si l'on n'a pas déjà un feuilleret à sa disposition, une rainure que l'on dresse à l'intérieur, à l'aide du guillaume; puis, on trace la lumière, ayant sa pente de gauche à droite, parce que l'outil étant retourné dans sa position naturelle, se trouvera alors incliné de gauche à droite. On fera cette coupe un peu droite, parce que le feuilleret, ne pouvant aller que d'un seul côté et sur un même sens, est quelquefois obligé de couper à rebrousse-fil. La lumière est très-facile à faire; il s'agit seulement de donner deux traits de scie et d'enlever, à l'aide d'un ciseau, le bois contenu entre ces deux coupures. Il ne faut pas faire cette ouverture trop écartée, parce qu'alors le coin ne tiendrait pas solidement, et que le fer pourrait échapper. Il est également prudent

de laisser de la force à la joue, afin que
le coin ne la fasse point voiler lorsqu'on
l'enfonce dans la lumière et qu'il tend
à faire ouvrir cette lumière. J'ai vu des
outils faibles de joue ne pouvoir résister
à sa pression, et se contourner; on était
alors obligé de mettre une bride en bois,
fixée avec des vis ou des clous; mais il
faut mieux éviter ce soin, en faisant la
joue assez épaisse pour résister à l'écartement du coin. Cette observation sera applicable aux rabots à moulure et en général à tous les outils dont la lumière
est placée sur le côté. La section *a*, *fig.* 2,
représente le feuilleret vu en bout; la
ligne ponctuée indique l'épaisseur de sa
joue. La section *b*, représente le coin sur
une plus grande échelle, vu de trois
quarts. On frappe sur le talon pour le
retirer; le fer a un semblable talon.

Nous devons ajouter qu'on fait certains
feuillerets, dits à *plates-bandes*, dont
les fers sont inclinés comme celui du rabot *fig.* 22, *planche* 2, des *outils de
débitage, varlopes, rabots,* etc.

Les outils qui servent à faire les moulures se font de la même manière, quant
à la coupe de la lumière et au coin; seulement, lorsque les fers sont larges, on

met des brides, parce que la joue devient proportionnellement trop étroite. Nous avons représenté, *fig.* 3, 4, 5, 6, 7, 8, 9 et 10, *pl. id.*, les principaux rabots à moulures, en indiquant les joues par des lignes ponctuées. On avait autrefois un bien plus grand nombre de moulures ; le nombre en est maintenant restreint. Nous reviendrons sur les moulures, en parlant des profils des plafonds et des rabots à moulures des ébénistes ; nous donnerons alors les principales moulures et leurs noms.

Ces rabots se font en bois dur, cormier, alisier, amandier. Quant aux fers, on les achète tout faits , ou , si l'on n'en trouve pas, on achète des fers de feuillerets qu'on affûte sur des pierres rondes dont nous parlerons au mot *pierrier,* à l'article *affûtage.* Le point essentiel est que ces rabots soient *toujours bien en fût,* c'est-à-dire que le dessin représenté par le fer soit l'exacte répétition de celui représenté par le bois. Ces moulures matrices se font sur le bois avec des gouges ou des limes rondes. On dessine le profil sur chaque bout du rabot à moulure, et l'on enlève le bois en ayant soin de tenir toujours les lignes correspondantes bien droites. La moulure de ces rabots doit être polie et entretenue grasse, afin qu'elle glisse facilement. On doit tailler le coin en bec-de-flûte, afin que la lumière ne bourre pas, défaut assez commun à cette sorte d'outils.

Les *outils à percer* sont les mèches, et le vilebrequin qui les fait mouvoir. Cet ustensile est tellement connu, qu'il est presqu'inutile d'en entretenir nos lecteurs. Les menuisiers faisaient autrefois les vilebrequins en bois ; les mèches étaient enfoncées dans des mandrins en bois qui se montaient dans l'œil du vilebrequin. On a abandonné cette méthode, qui avait quelques avantages, mais qui ne pouvait cependant être comparée, pour la commodité, avec celle des vilebrequins en fer, qui sont plus légers, et auxquels, vu la résistance de la matière, on peut faire un coude plus allongé, qui augmente la force du levier et donne plus de facilité pour le percement des trous d'un grand diamètre. Les mèches dont se servent les menuisiers sont en cuiller ; il y en a d'une à neuf lignes d'évasement. Passé ce terme, ils se servent plus volontiers de mèches plates à trois pointes. On trouve les unes et les autres toutes fabriquées chez les marchands. Les ébénistes se servent plus volontiers des mèches à trois pointes, même pour les trous les plus petits, parce qu'elles sont moins sujettes à faire fendre le bois. Les menuisiers emploient aussi des vrilles de grosseurs diverses, qui leur servent à percer dans des endroits où le vilebrequin ne saurait atteindre. Cet outil est trop généralement connu, pour qu'il soit besoin de nous étendre sur ce qui le concerne. On vend depuis quelque tems des vrilles en acier trempé qui rendent un très-bon office.

Nous avons vu à l'exposition, et nous connaissions même à l'avance, les tarières à double spirale et à tire-fond, présentées à la Société d'encouragement pour l'industrie nationale. Notre intention était d'en faire entrer la description dans cet ouvrage, mais nous avons réfléchi que cet outil, ainsi que quelques autres du même genre, sont plutôt destinés au charpentier; nous nous contentons d'en constater l'existence, afin que les amateurs qui voudront compléter leur collection d'outils à percer, les connaissent et puissent en faire la recherche.

C'est dans la même intention, quoique cependant ceci ait plus directement de part à l'art du menuisier, que nous recommandons à l'amateur et à l'ouvrier, qui n'achèteraient pas un vilebrequin tout fait et en fabriqueraient ou feraient fabriquer, de percer ou faire percer l'œil du villebrequin en rond, au lieu du carré qui se voit communément. Nous avons déjà indiqué cette manière dans notre *Art du Tourneur*, et nous avons alors expliqué les avantages qui en résultent. Les personnes que nous avons vues depuis, et qui ont suivi nos conseils, ont confirmé notre avis par leur approbation unanime; les mèches à soie ronde ne se rencontrent pas encore communément chez les marchands, et ne s'y rencontreront pas de sitôt, parce que la fabrique est obligée de se plier aux volontés de la commande; mais tôt ou tard cette méthode prévaudra, parce qu'elle est meilleure, et que ce qui est bon en soi finit toujours par l'emporter sur la routine.

La *fig.* 28, *pl.* 1re, représente un vilebrequin fait suivant cette méthode. Le baril *a* est de forme ovale, et porte, sur le côté, un carré de deux lignes d'épaisseur, saillant en dessus, et destiné à ajouter à la force de la vis de pression, en augmentant le nombre des filets de l'écrou qui se trouve au milieu. Ce baril est percé, dans le sens de sa largeur, d'un trou cylindrique suivant la direction de la ligne à plomb *b*, indiquant le centre de rotation. Quelques personnes soutiennent que ce trou doit être fait un peu conique, afin que la soie des mèches, également conique, puisse s'y adapter. Cette manière de faire sera sans doute adoptée lorsque tous les vilebrequins seront faits de cette manière et qu'on ira chez un marchand, assortir des mèches à soies rondes; mais jusque là, on fera bien de faire le trou cylindrique; les mèches s'y placent plus solidement. On passe dans le trou taraudé, pratiqué sur le côté du baril *a*, une vis de pression en acier, vue à part, *fig*. 29. On fait cette vis de deux manières : terminée en pointe par le bout, ou simplement terminée par une surface plane. On fait cette vis pointue, lorsqu'on a creusé la soie de la mèche, telle qu'elle est représentée *fig*. 31. On la fait plate du bout, lorsque cette soie est faite sur le modèle *fig*. 32. Le rouleau, ou manchon *c*, se fait en fer ou en bois. Lorsqu'on le fait en fer, la virole doit être soudée avec soin ; on enveloppe à cet effet la tige du vilebrequin de cendre et de graisse, ou de terre glaise, afin que la virole ne se soude pas sur cette tige. Lorsqu'on fait le rouleau en bois, on prend un bois liant, qu'on perce et qu'on scie dans le sens de sa longueur. On mouille ce bois de manière à le rendre flexible; on fait passer la tige par l'ouverture, que l'on resserre ensuite fortement avec une corde, de manière à faire joindre les deux parties, qu'on arrête ensuite, lorsque le bois est sec, avec des rivures en fer. Les rouleaux des vilebrequins qu'on achète, sont faits ordinairement de deux morceaux réunis par des rivures.

La *fig*. 3o représente une mèche à trois pointes; la pointe conductrice du milieu ne doit pas être placée absolument au centre, elle doit être un peu plus rapprochée du côté qui coupe et enlève le copeau, et plus éloignée de la pointe destinée seulement à tracer et cerner. L'embase qu'on remarque à cette mèche, n'est pas d'une nécessité absolue ; c'est cependant une perfection qui sert à garantir la vis de pression en procurant un point d'appui. La *fig*. 33 représente une mèche à cuiller ordinaire.

La *gouge du menuisier* sur laquelle on ûoit parfois frapper à coups de maillet, a, comme le bédane, le ciseau et le fermoir, une embase destinée à servir d'appui au manche, et à empêcher que le fer ne le fasse fendre en entrant trop avant. Cette gouge se fait de deux manières. Autrefois, les gouges de menuisier étaient construites de manière que la planche d'acier se trouvait à l'extérieur de la cannelure; ces gouges s'affûtaient en dedans. Cette opération était, il est vrai, assez difficile, et ne pouvait se faire qu'à l'aide du pierrier dont il sera parlé plus bas; mais elles rendaient un bien meilleur office. Maintenant, toutes les gouges qu'on voit chez les quincailliers, ont l'acier en dedans de la cannelure, et s'affûtent en dehors. Cette disposition du biseau peut avoir son avantage dans certains cas; dans une infinité d'autres, elle doit être fort gênante. Je conseille aux ouvriers de s'assortir de gouges faites des deux manières; quant à celles qu'on fait tout d'acier par le bas, elles ne sont pas d'un bon usage, elles s'ébrèchent et se cassent facilement. On doit avoir des gouges de toute grosseur. Elles s'em-manchent comme les ciseaux ; cependant, comme on se sert souvent de cet outil *à la main*, c'est-à-dire, sans employer le secours du maillet ou du marteau, celles surtout qui ont l'acier en dehors et qui s'affûtent du côté de la cannelure, on doit faire les manches plus légers et plus arrondis, afin qu'ils soient plus maniables.

Les autres outils et objets dont le menuisier doit se pourvoir, sont les râpes à bois plates, rondes et demi-rondes, des limes pour affûter les scies, un marteau à panne élargie, un tournevis à main et un autre se montant dans le vilebrequin, un pot à colle avec son bain-marie, quelques filières à bois pour faire des vis en bois, les racloirs, la peau de chien de mer, le papier de verre, de la presle, une boîte à la graisse, etc. Nous en parlerons, dans la suite de cet ouvrage, au fur et à mesure que nous aurons à parler de leur emploi. Ces objets sont d'ailleurs, pour la plupart, connus de tout le monde, se rencontrent tout faits chez les marchands et n'ont rien de particulier qui exige une figure ou une démonstration. Quant aux outils qui sont spécialement employés par les ébénistes, nous en parlerons en traitant de cette partie.

§ V. *Affûtage des Outils.*

Bien affûter un outil, est une chose essentielle pour un ouvrier ; il en est qui ont pris, dès le commencement, de mauvaises manières dont ils ne peuvent ensuite se déshabituer, et qui leur occasionent toujours, quelque capacité qu'ils aient d'ailleurs, un désavantage que n'ont pas leurs égaux qui affûtent mieux qu'eux. Une autre raison me porte encore à entrer dans quelques détails à cet égard ; les maîtres, par négligence ou dans des vues d'économie mal combinées, prennent fort peu d'intérêt à ce qui concerne l'affûtage. Une boutique dans laquelle plusieurs ouvriers sont journellement employés, manque souvent des objets nécessaires pour faire bien et promptement couper les outils ; on n'y rencontre assez souvent qu'un pavé en grès ou une meule posée à plat, avec une pierre dure, nommée *pierre à l'huile*, qui arrondit les biseaux plutôt qu'elle ne les forme. Les ouvriers perdent un tems considérable à frotter, sur ces pierres, leurs fers auxquels ils ne donnent qu'un tranchant obtus qui ne coupe qu'imparfaitement et peu de tems, et qu'ils sont obligés de renouveler à chaque instant. Ces pertes réitérées d'un tems payé fort cher, finissent, réunies, par former, à la fin de l'année, l'équivalent d'une somme six fois peut-être plus forte que celle qui aurait suffi pour monter l'atelier en bons ustensiles d'affûtage. Il est donc de l'intérêt du maître, comme de l'ouvrier, de diriger leur attention vers le moyen d'économiser le tems, la peine, la dépense, et de rendre l'ouvrage plus beau.

Le premier objet dont l'acquisition nous semble indispensable, c'est une meule d'un grand diamètre, si le chantier est considérable, et qu'on soit toujours à même d'avoir des apprentis pour la tourner; d'un moyen diamètre, si l'ouvrier doit la faire tourner avec le pied. La meule mise en mouvement, a, sur le grès fixe, l'avantage de mordre bien plus en moins de tems, parce que son mouvement est toujours beaucoup plus rapide que celui de la main sur un grès immobile; elle ne se creuse pas comme un grès fixe, ou du moins, si elle se creuse, effet dont nous enseignerons plus bas le moyen de se garantir, son inégalité n'a pas la même importance, puisque le fer, tenu en respect, n'est toujours atteint que dans l'endroit voulu, tandis qu'en affûtant sur un grès fixe dont la surface a cessé d'être plane, on arrondit infailliblement les biseaux et les angles de l'outil. La meule doit donc être préférée, puisqu'elle fait mieux, plus promptement et avec moins de peine.

Nous ne saurions fixer les dimensions de la meule; mais nous inclinons pour que la meule tournant avec le pied, obtienne, autant que possible, la préférence; la meule à bras, tournée inégalement sous une pression plus ou moins forte, se déforme promptement, et l'on perd beaucoup de tems pour la repiquer et la remettre au rond. Le charpentier, le taillandier doivent sans doute la préférer, mais le menuisier doit choisir la meule à pied, comme plus appropriée à son ouvrage.

Une bonne meule a le grain fin et bien lié, elle est résistante au toucher, elle ne doit point *boire avidement l'eau*; l'œil (le trou par lequel passe l'axe) doit être petit et bien au centre; elle doit plutôt tendre à la grandeur qu'à l'épaisseur. Lorsqu'on en fait l'acquisition, on doit, pour reconnaître s'il y existe des fentes, la *sonner* avec un manche d'outil, s'assurer si elle est bien homogène dans toutes ses parties, si elle n'a pas des flasches recouvertes ou masquées avec une composition de plâtre et de grès pilé, si elle n'est pas traversée par des veines rougeâtres plus tendres ou plus dures que la meule. Une meule de mauvaise qualité est pulvérulente au toucher, boit avidement l'eau, et présente, en général, les inconvéniens contre lesquels nous venons de prémunir le lecteur; il ne doit point cependant, pour éviter de prendre une meule trop tendre, tomber dans l'excès contraire et la prendre trop dure. Ce défaut se rencontre moins communément, mais il est grave et essentiel à éviter.

Lorsque l'acquisition de la meule est faite et qu'il s'agit de la monter, on doit donner une grande attention à cette opération. L'arbre sur lequel elle doit être fixée doit être en fer tourné bien rond dans ses collets, sur l'un desquels on réserve une arête vive qui, en pénétrant dans le coussinet du support, régularise le mouvement de rotation droite, en prévenant toute oscillation. On vend maintenant ces arbres tout faits. On pose la meule à plat sur l'établi, en plaçant l'œil au-dessus d'un des trous du valet; on met l'arbre dans l'œil, et on le maintient droit avec de petites cales de bois. On se sert de l'équerre ou de la pièce carrée pour le mettre bien d'aplomb, en ayant soin de ne fixer les cales que lorsque cet arbre est dans une position tout-à-fait verticale. On scelle alors le tout avec du plâtre ou avec du plomb; on retourne la meule, et on répète la même opération de l'autre côté. Nous n'entrerons pas dans les longs détails qui concernent la construction du bâtis, la forme des coussinets, la matière à employer pour leur confection et la manière de les placer; ces détails nous conduiraient trop loin. Nous les avons donnés dans l'Art du Tourneur, parce que les tourneurs sont moins au fait que les menuisiers, de la construction des bâtis; les moins adroits sauront monter une meule, et l'inspection de la planche leur suffira. Nous devons seulement leur faire part d'une découverte due à M. Rouffet, savant et modeste mécanicien, à qui l'on doit une foule d'inventions utiles dont d'autres se font gloire et profit. Une longue expérience lui a fait reconnaître que des meules, d'ailleurs bien choisies, finissent toujours par perdre leur rond, à cause de l'uniformité du mouvement, et du point de départ qui est toujours le même, lorsque la grande roue est égale, ou deux, trois, quatre fois plus grande que la poulie de la meule qu'elle doit faire agir ; il a pensé qu'en faisant deux roues dans une proportion différente et fractionnaire, la meule ne se déformerait plus, parce que l'endroit qui se trouve vis-à-vis du repasseur, à l'instant où il donne le coup de pied, ou qui plonge dans l'eau lors du repos, ne se trouverait plus toujours le même, et qu'il avancerait, à chaque tour, d'un huitième oud'un sixième, suivant la proportion qui aurait été établie entre les deux roues ; qu'il est bien vrai qu'au moyen de l'usure, il viendra un moment où la meule sera dans une proportion contraire à cette règle ; mais la même cause qui l'aura fait venir à ce point, ne tardera pas à l'en écarter, et l'effet prévu aura toujours lieu. Les *fig.* 35, 36, 37, 38, *planche* 3, représentent une meule montée d'après ce procédé, vue *fig*. 37 et 38 de profil du côté des roues, *fig*. 36 de l'autre profil du côté du marchepied, et *fig*. 35 de face. Dans cette dernière figure, on peut voir la manière dont la chaîne à la Vaucanson s'engrène dans les allichons des roues; ces roues se font ordinairement en bois plein, et on plante, sur leur tranche, des broches de fer également espacées. Le nombre de ces dents doit être calculé de manière qu'il ne puisse être sur une roue ni moitié, ni tiers, ni quart du nombre des dents de l'autre roue, non plus qu'à nombre égal ni double, ni quadruple; c'est-à-dire que, si l'on met quarante dents sur la roue d'en bas, qui est celle qui est mise en mouvement par la pédale, on ne pourra en mettre quarante, ni vingt, ni dix sur la petite roue qui tient à l'arbre de la meule, mais bien, trente-huit, trente-six, vingt-cinq, quinze, plus ou moins, suivant qu'on voudra que le mouvement soit plus ou moins accéléré. Si l'on n'a pas une chaîne à la Vaucanson à sa disposition, on la remplace par une bande de tôle bien recuite, qu'on rassemble, par les deux bouts, avec des clous rivés, et à laquelle on fait, avec un emporte-pièce, des trous également espacés dans lesquels entrent les alli-chons des roues. La *fig.* 39 *planche* id., représente une partie de la zone de tôle ainsi préparée ; les points *a b* indiquent les endroits où se placent les rivures. La *fig.* 33 représente une chaîne vue de face, et celle 34, la même chaîne vue de profil. On pourra d'ailleurs, quant à l'exécution, varier les formes et les manières de monter la meule. L'intéres-sant est de suivre, dans cette exécution, le principe que nous venons d'exposer. La meule doit être garnie de son auget gardant l'eau, avec une planche par-devant, servant de support ou point d'appui, et devant garantir le repasseur des éclaboussures de la meule. (*Voyez* la note à la fin du chapitre, pag. 282.)

La meule ne suffit pas pour donner le fil aux outils, il faut avoir recours à une pierre d'un grain plus fin, qu'on emploîra avec de l'huile au lieu d'eau. Dans la majeure partie des boutiques, on se sert d'une pierre connue, dans le commerce, sous le nom de *pierre de Lorraine.* C'est une pierre, brune foncée, ayant une teinte rougeâtre ; si l'on peut trouver une de ces pierres qui ne soit ni trop tendre ni trop dure (elles pèchent beaucoup plus souvent par ce dernier défaut), on pourra s'en contenter; mais il est rare de trouver une bonne pierre de Lorraine, et l'on fera bien, surtout si l'on doit faire de la menuiserie en meubles ou de l'ébénisterie, de faire l'acquisition d'une *pierre du Levant,* qui rend un bien meilleur service et qui se rencontre bien moins souvent mauvaise. On connaît, entre beaucoup d'autres, trois qualités, nommées 1re, 2e, 3e qualité. Une bonne pierre du Levant est d'un gris clair lorsqu'elle est neuve; cette couleur se fonce lorsqu'elle a bu l'huile, elle est un peu transparente sur les bords, et est d'une pâte homogène. Il y a quelques pierres brunes qui sont fort bonnes, mais cela se rencontre plus rarement; les grises sont plus communément les meilleures. On appelle *clous* des points siliceux rougeâtres, qui se rencontrent dans quelques-unes; on nomme dragons des veines entières de la même matière qui semblent être des sutures qui réunissent ensemble plusieurs fragmens de pierre. On doit rejeter ces pierres parce que, ces clous et dragons étant incomparablement beaucoup plus durs que le restant, ne s'usent pas aussi vite et font promptement des saillies contre lesquelles les outils s'ébrèchent ou perdent leur affût. Le moyen de reconnaître les bonnes pierres, c'est de les essayer avant d'en faire l'acquisition : on les coupe aussi sur les angles avec un outil tranchant ou la carre d'une lime, afin de reconnaître leur degré de dureté. Le menuisier ne risque rien en prenant la pierre plutôt tendre que dure ; les fers plats qu'il repasse dessus ne la creuseront pas. Les graveurs préfèrent celles qui sont un peu fermes, parce que les burins ne tarderaient pas à les déformer. Une pierre de cinq pouces en carré sur dix-huit ou vingt lignes d'épaisseur, sera suffisante pour une boutique ordinaire. Lorsqu'il s'agira de la redresser, on la frottera sur un grès bien plat, ou sur une plaque de fonte sur laquelle on aura répandu du grès pilé, ou bien encore tout simplement sur une planche de chêne ou de sapin bien dressée, que l'on saupoudrera de grès. La pierre à l'huile devra être *montée*, c'est-à-dire enchâssée dans un morceau de bois, et on fera bien de faire à sa monture un couvercle à charnières qui puisse se rabattre dessus, et la garantir de la poussière. Les ama-

teurs qui désireraient des renseignemens plus étendus sur la pierre du Levant, pourront consulter avec fruit l'*Art
du Tourneur;* ils y trouveront des détails que nous n'aurions pu faire entrer
ici sans franchir les bornes qui nous sont
tracées par le nombre des matières que
renferme l'*Art du Menuisier.*

Le menuisier doit avoir aussi un
pierrier. On appelle ainsi un morceau
de bois long de quinze à dix-huit pouces
dans lequel sont pratiquées des entailles
servant, à l'aide des clés qui s'y adap-
tent, à recevoir des petites pierres à affûter, arrondies sur leur tranche ou taillées à angle vif, avec lesquelles on affûte
les fers des rabots à moulures, les gouges, les V des filières, les rabots creux,
dits mouchettes, et autres fers qui ne
peuvent l'être sur les pierres plates. Les
amateurs feront bien de se pourvoir
d'un *lapidaire,* et d'avoir encore recours, pour sa construction, à l'ouvrage
que nous venons de leur indiquer. Les
ouvriers qui ne peuvent soigner leurs
outils comme celui qui travaille pour
son plaisir, continueront, comme par le
passé, à se servir du pierrier. Cet ustensile leur est tellement connu, que nous

croyons le peu que nous venons de dire suffisant; la figure, d'ailleurs, dira ce que nous aurons omis. Nous faisons remarquer que nous taillons le coin en biseau d'un côté, afin de le rendre plus solide : ce biseau est marqué, dans la figure, plus incliné qu'il ne doit être : nous avons été obligés d'en agir ainsi, afin de rendre cette inclinaison plus sensible dans un objet de si petite dimension.

Les autres objets servant à l'affûtage sont les limes tiers-point, avec lesquelles on affûte les scies ordinaires ; celles demi-rondes, avec lesquelles les scieurs de long affûtent les leurs, et les tourne-à-gauche servant à donner de la voie.

Explication de la planche 3.

Fig. 29. Un arbre de grande meule à bras ; *a*, le carré entrant dans l'œil de la meule ; *b b*, les collets arrondis ; *c*, l'arête d'arrêt ; *d d*, les parties carrées sur lesquelles on monte les manivelles. Lorsqu'on n'en met qu'une, on n'a point besoin de faire deux carrés ; *e*, partie taraudée recevant les écrous qui fixent les manivelles.

Fig. 30. Manivelle se montant sur la

partie *d* de l'arbre. Cette manivelle est fendue sur sa longueur, afin qu'il soit possible d'avancer ou de reculer à volonté le rouleau *fig*. 4, selon qu'on veut plus ou moins l'éloigner du centre de rotation.

Fig. 31. Écrou qui fixe la manivelle sur le carré de l'arbre.

Fig. 32. Bras de la manivelle. On le recouvre d'un rouleau mobile en bois. On fait entrer ce bras par sa partie carrée dans la fente de la manivelle, et on serre cette dernière contre l'embase du bras, au moyen d'un écrou placé de l'autre côté. En desserrant cet écrou, on fait glisser le bras dans la coulisse, et on le fixe à la distance voulue, en serrant fortement l'écrou.

Fig. 33. Chaîne à crémaillère, dite de Vaucanson, bien qu'elle diffère un peu des chaînes que l'on doit à cet habile artiste. Nous avons représenté, dans la même figure, les deux principales manières de la faire en *a*, en faisant sortir les chaînons du dedans au dehors ; en *b*, en les posant alternativement en dehors et en dedans. En confectionnant cette chaîne, il ne faut pas trop serrer les rivures des traverses, afin que la chaîne soit souple.

La *fig*. 34 représente cette chaîne, vue de profil du côté *b*.

La *fig*. 35 représente la meule montée sur son bâtis ; *a*, la meule ; *b*, la bande de tôle servant de chaîne, vue en place ; *c*, la manivelle ; *d*, la pédale ou marche-pied ; *e*, l'arbre de la grande roue tournant dans des coussinets en cuivre ; *f*, l'arbre de la meule recevant à gauche la petite roue à allichons.

La *fig*. 36 représente le même objet, vu de côté ; *g g*, indiquent la place occupée par l'auget et son recouvrement ; les autres indications de lettres se rapportent à celles de la *fig*. 35.

La *fig*. 37 représente la petite roue, vue de côté ; celle 38, la grande roue. La zone de tôle *y*, *fig*. 39, est vue de profil, mise en place. Les allichons sont de petites chevilles de fer arrondies par un bout et pointues par l'autre. Après avoir mis la bande de tôle à plat sur la tranche des roues, on cloue ces chevilles au milieu des trous, et on les enfonce assez pour qu'elles ne puissent frotter contre les trous lors de leur dégagement.

La *fig.* 39 représente une portion de cette bande de tôle; les trous doivent être, autant que possible, également espacés entr'eux. La réunion se fait, ainsi qu'il est indiqué en *a* et en *b*, de cette même *fig.* 39, avec six ou huit rivures bien affleurées. Les trous de la bandelette se font au poinçon ou à l'emporte-pièce.

Les proportions relatives données aux roues dans les *fig.* 37 et 38 ne sont nullement de rigueur; on peut les varier suivant que l'on veut accélérer ou ralentir le mouvement, et rendre la manœuvre de la pédale plus ou moins douce. Cette dernière condition dépend aussi du plus ou moins d'écartement du bouton de la manivelle *c*.

La *fig.* 40 représente le pierrier; on y voit une pierre mise en place et serrée par le coin, et deux autres encoches disposées pour en recevoir. La *fig.* 41 est le coin, et celles 42, 43 et 44, des pierres taillées, prêtes à être mises en place.

La *fig.* 45 est un tourne-à-gauche. Cet instrument, fait avec un morceau d'acier aplati, est fendu de trois, quatre, cinq, six entailles, et même quelquefois davantage, dans l'une desquelles on prend les dents de la scie pour lui donner de la voie. Ces outils doivent être bien trempés, autrement les·fentes tardent peu à s'élargir, et cessent de rendre service.

Manière d'affûter.

Pour bien affûter un outil, il faut d'abord s'attacher à bien connaître sa structure. Si l'on se reporte aux descriptions que nous avons faites antérieurement, on reconnaîtra que les ciseaux, les bédanes, les fers de varlopes et de rabots, n'ont d'acier que sur le dessus, qu'on nomme la *planche :* le dessous est, ainsi que nous l'avons dit, du fer ; le fermoir a son acier dans le milieu entre deux fers. On a remarqué que l'angle formé par un ciseau bien affûté, doit être de trente-cinq degrés. On pourra donner une pente pareille au bédane ; mais l'usage est de faire son angle moins aigu, comme celui des fers de rabots et des varlopes, un peu plus aigu. Le bédane, frappé violemment par le maillet, pourrait s'ébrécher sur son taillant, si l'angle était trop allongé. Un biseau quelconque, pour que l'outil coupe bien et conserve long-tems son *affût*, doit être bien plat.

Le bédane n'ayant que très-peu d'a-
cier, en comparaison de la masse de fer
dont il est composé, on est dans l'habitude
d'enlever le talon avec une lime, en
prenant garde de toucher à l'acier; on
passe ensuite le tout sur la meule.

Lorsqu'on a acquis l'habitude de faire
mouvoir la meule avec le pied, on prend
le manche de l'outil de la main droite,
et, la gauche tenant la lame pour la diriger, on pose l'outil sur la meule en
mouvement, en appuyant avec la main
gauche; la droite ne sert qu'à maintenir, à hausser ou baisser, suivant qu'on
veut atteindre le sommet de l'angle du
biseau ou le talon. Lorsqu'on a tourné
de la sorte pendant quelque tems, et
qu'on peut croire l'outil suffisamment
affûté, on le retourne pour s'en assurer; il le sera convenablement, si l'on
n'aperçoit plus aucun blanc vers le sommet de l'angle, si les traits du grès sont
imprimés sur le biseau dans toute sa longueur, et s'il existe un rebroussement
quelconque du côté de la planche. S'il
n'était pas encore dans cet état, il faudrait le replacer dans la même position
où il se trouvait avant d'avoir été retourné, et recommencer à faire mouvoir
la meule jusqu'à ce qu'on obtînt ce

résultat. Si l'outil à affûter était plus large que la meule, une hache par exemple, il faudrait la promener sur la meule à droite et à gauche, en s'appliquant à conserver l'inclinaison de la main droite.

On affûte les fermoirs de deux manières, à *nez* arrondi, ou bien à biseaux plats. Chacun est maître de faire un choix. On a cru remarquer que les biseaux ronds avançaient davantage la besogne, et que les biseaux plats la faisaient plus régulière. En effet, le biseau rond enlève les copeaux très-facilement, mais le bois est ondulé ; le biseau plat, si l'on conserve bien l'inclinaison, laisse des traces moins profondes, enlève le bois plus aisément, et la varlope a moins à faire après lui. S'il fallait choisir, je donnerais pour mon compte la préférence aux biseaux droits.

En affûtant tous les outils autres que le fermoir, on doit faire attention à ne les retourner en aucun cas pour les affûter du côté de la planche, autrement on détruirait la ligne droite que cette planche doit toujours suivre, et on userait en pure perte l'acier, qu'on doit au contraire ménager, puisque lui seul donne de la valeur à l'outil. Nous appuyons sur ce point, parce que beaucoup de personnes ont la mauvaise habitude de retourner l'outil pour abattre le morfil. Cette méthode est des plus pernicieuses.

On nomme *morfil,* la bavure qui se trouve au sommet de l'angle formé par la rencontre des deux biseaux dans les fermoirs et autres outils qui s'affûtent des deux côtés, et par la rencontre du biseau et de la planche dans les ciseaux et autres outils de ce genre. Cette bavure a lieu, parce que, par l'effet de l'usure, l'acier devient si mince', qu'il plie et se relève assez pour n'être plus atteint par la pierre. Un effet pareil a lieu lorsqu'on lime le fer avec une lime à grosses dents. Ce morfil n'est pas facile à enlever dans les gros outils; celui des petits outils s'ôte lorsqu'on les pique avec force dans quelque morceau de bois de fil. Pour les haches, ciseaux, fermoirs, etc., l'opération est plus difficile; si ce morfil est très-long, on parvient à le casser en le ployant à droite et à gauche jusqu'à ce qu'il tombe; s'il est trop court pour en agir ainsi, on prend un morceau de bois de fil, on pose le tranchant sur l'angle, et on fait glisser l'outil en appuyant fortement dessus; le morfil se détache alors et reste engagé dans le bois.

Le tranchant résultant de l'opération

dont nous venons de donner la description, ne couperait pas assez finement
pour rendre un bon office; il est nécessaire de le rendre plus fin et plus doux.
A cet effet, on le passe sur la pierre à
l'huile, dont le grain est plus fin que
celui de la meule. On pose cette pierre à
l'huile le plus d'aplomb possible, et, si
elle est montée en bois, on peut mettre
le bois dans lequel elle est emboîtée sous
le valet; puis, après avoir répandu dessus
un peu de bonne huile d'olive, on y
repasse l'outil que l'on tient par le
manche de la main droite, et de la gauche par la lame, le pouce posé sur le
côté gauche du taillant, le medium et
l'index le plus rapprochés possible du
taillant. Cette position est du moins la
plus commode et la plus usitée. On promène alors l'outil, sans trop appuyer
dessus, sur toute la surface de la pierre,
en lui faisant décrire une infinité de
cercles concentriques, et en ayant soin
que le biseau fait par la meule, plaque
bien dans toute son étendue, sur la surface de la pierre. Après avoir affûté
quelque tems, on essuie l'outil et on le
regarde; s'il n'existe plus de rayures
produites par la meule, c'est une preuve
que l'affût est parfait; on donne la der

nière façon, en passant encore l'outil plus lentement sur la pierre à droite et à gauche, et ensuite on l'essaie dans le dedans de la main. S'il soulève l'épiderme, c'est un indice certain qu'il coupe convenablement. Si cette épreuve ne donne point de résultat, c'est qu'il reste encore du morfil. Il sera facile de le reconnaître en pinçant le tranchant entre le pouce et l'index ; si l'on retire alors à soi en serrant toujours ce tranchant entre les doigts, on sentira un petit rebroussement ; il faudra repasser encore l'outil sur la pierre, du côté où le rebroussement existe. Si c'est du côté de la planche, il faudra avoir bien soin qu'elle porte sur son plat, car la moindre élévation de la main rendrait le taillant obtus et cet inconvénient se ferait long-tems sentir. Au fur et à mesure que le morfil se détachera, il laissera sur la pierre des parcelles d'acier longues et brillantes qu'il faudra enlever avec soin, parce qu'elles ébrècheraient le coupant. Lorsque, par l'usage, une pierre à l'huile est encrassée, il faudra avoir soin, avant de s'en servir, de la nettoyer en la raclant avec la carre d'un outil ou d'une planche ou bien en la frottant avec du liège et du grès pilé.

Les gouges sont fort difficiles à affûter. On n'en vient à bout qu'avec des
pierres arrondies, en ayant soin que le
biseau suive exactement la courbure de
l'outil, en veillant à ce que les coins ne
s'arrondissent point et à ce que le tranchant soit bien droit et ne soit point
festonné, car cela arrive fort souvent
lorsqu'on a affûté sans soin.

Si l'on préférait employer une meule
à bras, comme ces sortes de meules sont
sujettes à perdre leur rond, nous devons
enseigner le moyen de le rétablir. Il arrive également que lorsqu'on monte
une meule d'après le procédé de M. Rouffet, l'arbre n'a pas été placé tellement
droit, que la meule n'ait un mouvement
excentrique ou oscillatoire, et quelquefois même les deux ensemble : dans ce
cas il faut redresser la meule. On y parvient en lui donnant un mouvement en
sens inverse, c'est-à-dire, en faisant
tourner la meule d'avant en arrière, du
côté de celui qui affûte, au lieu de la
faire fuir sous l'outil comme cela se pratique lorsqu'on aiguise. On prend une
vieille râpe ou une lime usée que l'on
casse un peu par le bout; on l'appuie
sur la traverse de devant qui sert de
support, et, faisant porter l'angle de

l'outil contre le grès, on égrigne profondément la meule sur ses deux carres,
jusqu'à ce qu'on obtienne le rond dans
ses parties, c'est-à-dire jusqu'à ce qu'en
tournant toujours, l'outil, demeuré fixe,
et invariable, touche la meule dans
toute sa circonférence. Cette opération
sert à déterminer quelle est la quantité
de matière surabondante qu'il faut enlever soit sur la tranche, soit sur les
côtés. Si cette matière à ôter est trop
considérable, on retire la meule de
dessus ses coussinets, et, à l'aide d'un
vieux ciseau et d'un marteau, on em-
porte, en frappant à petits coups, et en
prenant garde de faire éclater la meule,
l'excédant indiqué qui empêche que la
meule ne soit ronde ou droite. Cette opération s'appelle *retailler* ou repiquer.
Lorsque le plus gros est enlevé, on remet la meule en place, et en la faisant
tourner encore en sens inverse, comme
nous venons de le dire, on finit par
l'unir, arrondir et dresser, en lui présentant un vieux fer de varlope ou un vieux
ciseau. On a remarqué que ces fers com-
posés de fer et d'acier étaient très-pro-
pres à cet usage. Cette manière d'agir
serait suffisante s'il n'y avait que peu de
matière à enlever, et on doit toujours,

autant que faire se peut, la préférer, l'action du *repiquage* n'étant pas sans danger. Dans l'un et dans l'autre cas cette opération doit se faire à sec.

Les scies s'affûtent avec la lime tiers-point. Cette action très-simple serait très-longue à décrire. Nous nous contenterons d'indiquer les règles générales. Si la scie a des dents droites, c'est-à-dire est taillée à dents de loup, un des côtés du tiers-point doit être en dessus, dans une position horizontale ; toutes les dents doivent être également espacées, et en bornoyant la scie, elles doivent décrire une ligne droite. Lorsque la scie a les dents inclinées, l'inclinaison de chaque dent doit être la même. Pour limer les scies plus facilement, les menuisiers entaillent en biais un morceau de bois ; et ajustent un coin dans l'entaille ; ce coin serre la lame de la scie et la maintient dans une position verticale, les dents en dessus. La *fig.* 46 représente ce morceau de bois ; *a* est le coin ; *b* la lame de la scie vue en dessus. Dans la scie à dents inclinées, toutes les dents doivent également décrire une ligne droite ; et plusieurs ouvriers, lorsqu'ils veulent redresser leurs scies, passent la varlope sur les dents dans le sens de l'inclinaison , en se gardant bien toutefois de faire appuyer la varlope, lorsqu'on la retire à soi , parce qu'alors les dents prises à rebours ébrécheraient profondément le fer et sillonneraient le bois. En limant, il faut avoir soin que le coup de lime soit bien droit, et que la dent ne soit ni arrondie , ni formée par deux ou trois facettes. En donnant la voie, il faut que l'écartement soit égal pour chaque dent, et s'il arrivait qu'on eût donné trop de voie dans un endroit, sur un seul côté , ou même des deux côtés , on poserait la scie bien à plat sur une planche de chêne bien dressée, on en mettrait une autre par-dessus , et, en frappant à petits coups avec un marteau, on régulariserait ou on diminuerait l'écartement.

Nous nous sommes un peu étendus sur les moyens de donner un bon affûtage aux outils, parce que nous considérons cet objet comme étant d'une grande importance. Une scie mal limée ne coupe pas, scie de travers , et force l'ouvrier à employer le ciseau pour réparer le mal, c'est ce que l'on nomme *recaler*. Il passe à tout cela un tems précieux , se donne beaucoup plus de mal et fait de moins bon ouvrage. Une scie qui a plus de voie d'un côté que de l'autre, tend toujours à tourner de ce côté ; il est donc très-essentiel d'apprendre à bien limer sa scie. Nous avons exposé au commencement de cette section, les motifs qui doivent déterminer l'ouvrier à soigner l'affûtage de ses outils.

NOTA. Lorsque le diamètre de la meule, montée suivant le procédé de M. Rouffet, est trop grand pour que le système décrit par les *fig*. 35, 36, 37 et 38 puisse être applicable, on construit le bâtis de la meule ainsi qu'il est représenté *fig*. 1, 2 et 3, en marge de la *pl*. 3. On place alors sur l'arbre *a* du pignon inférieur, un volant *b*, *fig*. 1 ; 2 et 3, qu'on charge le plus possible (jusqu'à 20 kilog.). On met au pignon inférieur *c*, *fig*. 3, vingt-une dents, au pignon supérieur *d*, vingt dents. Ainsi qu'on le voit *fig*. 1 et 2, le volant passe à côté de la meule *e*, lorsque la meule et le volant ne peuvent tenir l'une au-dessus de l'autre. Dans tous les cas, on met la corde correspondant du bouton de la manivelle au marchepied, au milieu de ce dernier, et, dans ce cas, on augmente la force du pied en le posant en *a*, *fig*. 4, parce qu'alors c'est le talon qui appuie ; au lieu que dans le marchepied *fig*. 36, ce n'est que la pointe du pied qui opère la pression. Les *fig*. 1, 2 et 3 ont été dessinées d'après une meule montée par M. Rouffet lui-même.

CHAPITRE V.

NOTIONS GÉNÉRALES SUR LA MANIÈRE DE SE SERVIR DES OUTILS, ET AUTRES RELATIVES AUX DIVERSES BRANCHES DE L'ART DU MENUISIER.

CE chapitre sera lu avec fruit par les amateurs, ou les jeunes gens qui commencent à apprendre ; les ouvriers consommés y trouveront peu de choses que l'expérience ne leur ait déjà apprises ; ils feront bien, cependant, de le parcourir, ne fût-ce que pour se rappeler ce qu'ils peuvent avoir oublié. La première chose à laquelle l'ouvrier doit s'appliquer, c'est de tirer d'un morceau de bois qùelconque le plus d'avantage possible , eu égard à l'ouvrage auquel il est destiné ; il devra le retourner en tous sens, le mesurer de l'œil et avec le pied de roi, pour s'assurer s'il convient , s'il n'est point défectueux et traversé par des gerces profondes , si les flaches seront atteintes par la varlope par le, redressage. Lorsque toutes ces observations sont faites (un moment suffit à celui dont l'œil est exercé); il marque, avec du blanc ou de la pierre noire, les parties qui doivent être enlevées, et après avoir assujéti son bois, soit à l'aide du valet, soit en le pinçant dans une des presses de l'établi, suivant qu'il lui est plus commode, il s'arme de la scie à débiter.

Débiter.

Si le bois qu'on doit débiter est sec et dur , on choisit, de préférence, une scie à dents serrées et inclinées, ayant peu de voie ; si le bois est vert et chanvreux, les dents de la scie devront être plus grosses, plus droites et plus écartées entre elles , ce qui dépend de la longueur que l'on a donnée à chaque dent, laquelle longueur dépend elle-même de la base plus ou moins large du triangle qu'elle forme. Les règles à donner pour ce qui concerne le moyen de faire marcher régulièrement une scie, se réduisent à fort peu de chose ; on tient le morceau de la main gauche, pendant qu'on l'attaque avec la scie. On agit avec précaution, parce qu'on peut facilement prendre alors une fausse direction dont on ne revient ensuite qu'avec beaucoup de peine. La scie n'étant pas encore engagée, pénètre d'un côté ou de l'autre ; il faut que la main la mène dans la position qu'elle doit avoir. Lorsque la lame est entrée dans le bois, on réunit l'effort des deux mains pour la faire mouvoir. Il ne faut pas appuyer sur la scie, ou n'y appuyer que très-faiblement, parce qu'alors on cesse de scier droit. Pendant que l'ouvrier scie, le corps doit être effacé, afin que le mouvement des bras ne soit point gêné ; il doit les allonger assez pour que la lame de la scie fasse toute sa course ; c'est-à-dire, assez pour que les montans approchent alternativement aussi près que possible du bois qu'il débite. Les personnes qui n'ont pas l'habitude de scier, gâtent promptement les outils, en ne faisant qu'un petit effort plus souvent répété, et ne faisant servir, par conséquent, qu'une partie de la lame. A mesure que la scie pénètre, l'ouvrier souffle de tems à autre sur le bois, pour chasser la sciure qui recouvre le tracé, et s'assurer s'il ne s'en écarte pas ; s'il s'aperçoit qu'il dévie, il penche un peu la scie du côté opposé, et se ramène bientôt sur la ligne à suivre. Ainsi que nous l'avons dit plus haut, une scie qui a plus de voie d'un côté que de l'autre, a toujours une tendance à tourner de ce côté, et tant que ce défaut n'est pas réparé, il faut que l'ouvrier y fasse attention, et qu'il en contrebalance l'effet, en tenant la scie un peu roide de ce côté, afin qu'elle suive toujours la ligne droite.

Il faut graisser la lame de la scie de tems en tems, surtout lorsqu'on scie des bois verts. Lorsqu'en sciant tout autre bois, on s'aperçoit que la lame résiste, et qu'elle s'échauffe trop, c'est une preuve qu'elle n'a pas assez de voie ; il faut alors ou lui en donner, ou prendre une autre scie, à peine de détremper la lame et de perdre son outil. Une scie qu'on emploie doit toujours être le plus tendue possible, afin d'éviter des replis. Les ouvriers soigneux débandent leurs scies, lorsqu'ils ne s'en servent plus.

Dresser le Bois.

Lorsque la scie a cessé son office, celui de la demi-varlope commence. Les bois préparés par les scieries mécaniques ou les scieurs de long, ne sont pas ordinairement très-droits ; s'ils l'ont été lors du débitage, leur exposition à l'air ou le tems écoulé depuis, les a fait se tourmenter, se gauchir, se voiler ; le menuisier doit donc les dresser ; les équarrir, les mettre d'épaisseur. Il doit, pour parvenir à ce résultat assez difficile, commencer par dresser une des faces qui lui servira de point de départ pour les tracés qui détermineront le redressage des autres faces. Vouloir attaquer le bois de tous les côtés à la fois, pour le dresser petit à petit sur toutes ses faces, est une fort mauvaise méthode faite pour dégoûter un commençant. Il sera donc nécessaire, ainsi que nous venons de le dire, de dresser un des côtés du morceau de bois. Si le morceau est petit, l'ouvrier se contentera de le *bornoyer*, ce qui se fait en haussant le bois à la hauteur des yeux, en en fermant un, et regardant attentivement pour voir le *gauche*. Lorsqu'il est reconnu, et en supposant que ce soit une planche qu'il s'agisse de dresser, on la mettra sur l'établi, posant en dessous le creux, afin que le bombé se trouve en dessus ; on la poussera contre la griffe, ou, si l'on a un établi perfectionné, on serrera la planche entre les mentonnets, de manière à assurer son immobilité. Si la convexité est considérable, il faudra l'enlever à l'aide du fermoir ; ce qui se fait en tenant cet outil de la main gauche, tandis qu'on arme la droite du maillet avec lequel on frappe sur le fermoir. On commencera à enlever le sommet de la convexité, puis, au fur et à mesure, on mettra la planche à peu près droite. Si l'on fait attention à donner toujours au fermoir la même inclinaison, on parviendra bien plus promptement au but, et la demi-varlope aura ensuite moins à faire ; l'ouvrier inhabile qui frappe au hasard, fait dans le bois des ondulations profondes qui disparaissent difficilement. Les fermoirs affûtés à nez rond, sont principalement sujets à produire cette mauvaise disposition d'ébauche. Lorsque le fermoir est affûté à biseaux droits, il devient bien plus fa-

cile à conduire, puisqu'il ne s'agit alors
que de le tenir incliné suivant l'angle
de son biseau, on est sûr alors de ne
point onduler le bois. Cette disposition
demande quelque attention dans les com-
mencemens ; mais une fois que l'habitude est prise, le fermoir se place na-
turellement dans cette position, et l'ouvrage avance plus rapidement et est
bien mieux fait. On fera bien de plonger de tems en tems l'outil dans la boîte
à la graisse, afin qu'il enlève plus facilement les copeaux. Lorsque la partie bombée sera considérablement réduite, on s'armera de la demi-varlope
pour dresser et égaliser. Le premier soin
à prendre sera de retourner l'outil, et
de le bornoyer par-devant et en dessous, pour s'assurer de combien le fer
est saillant sur la ligne droite de la table. Si le fer portait trop (s'il dépassait
une ligne en saillie), il faudrait en ôter ;
si, au contraire, il ne paraissait pas assez, il faudrait le faire sortir ; ce qu'on
nomme *donner du fer ;* dans ce dernier
cas, il suffit de donner quelques petits
coups de marteau sur le talon du fer
pour le faire saillir. Et frappant, il faudra avoir soin que la courbure du fer

paraisse bien au milieu du fût, sauf à frapper à gauche ou à droite du talon du fer, selon qu'il est nécessaire, pour le redresser. Quand il y a trop de fer, on en ôte en donnant un ou deux coups de marteau sur le derrière du rabot, ce qui sert à faire rentrer le fer. Lorsqu'on le juge assez rentré, on raffermit le coin en l'enfonçant avec un coup de marteau, et après avoir enduit de graisse le dessous de l'outil, on commence à rifler.

L'ouvrier se tient debout, les jambes un peu écartées, le corps porté également par l'une et l'autre, la face tournée vers l'établi, le jour à gauche, la main droite sur la poignée de l'outil, la gauche posée sur la partie antérieure; il ne doit appuyer que faiblement sur l'outil, mais réunir ses forces pour l'action de pousser. Les bras doivent s'étendre de toute leur portée, ce qui oblige souvent la main gauche à quitter, à la fin des coups, parce que dans le mouvement, le corps tournant un peu, l'épaule droite avance et la gauche recule. Le copeau doit monter dans la lumière et sortir en avant. Lorsqu'on rencontrera des nœuds ou autres endroits durs, il ne faudra pas les attaquer de face, mais bien obliquer un peu l'outil, afin de les prendre en biaisant, pour les mieux couper. Certains ouvriers se jettent le corps en avant en lançant l'outil, d'autres se penchent, d'autres abandonnent leur tête qui suit tous les mouvemens de l'outil. Il faut éviter ces mauvaises positions, tenir le corps souple, mais cependant droit, garder la tête haute et la poitrine effacée. A mesure que le bois s'enlève et que les traces du fermoir disparaissent, il faut bornoyer, et lorsqu'on s'aperçoit que la surface se rapproche de la ligne droite, il faut changer d'outil et prendre la varlope, dont le fer plat fera disparaître les ondulations produites par le fer rond de la demi-varlope. Il ne suffit pas de bornoyer la planche par sa longueur, on le fait également par ses diagonales et par sa largeur, ou bien, mettant la varlope en travers et la faisant porter par une de ses carres, on s'assure si la planche est bien dressée en tous sens. Il n'est peut-être pas inutile de dire ici que, pour empêcher la varlope de s'engorger, ce qui arrive assez souvent, si la lumière est étroite, et qu'on ait mis deux fers, on fera bien d'enduire de graisse tout l'intérieur du trou, afin que le copeau ne puisse s'y arrêter, ce qui ne manquerait pas de faire brouter l'outil.

Lorsque la planche sera dressée sur l'une de ses faces, et qu'il s'agira de la dresser sur les autres, on fera usage du trusquin. On la mettra sur champ et on la rabotera sur son épaisseur, afin de la dresser de ce côté; ce qui se fera facilement en bornoyant. Lorsqu'il s'agira de mettre d'épaisseur, c'est-à-dire de dresser le côté opposé à celui qu'on a dressé le premier, on prendra le trusquin, et, soit en frappant sur sa tige dans les trusquins ordinaires, soit en faisant mouvoir la vis de rappel dans ceux perfectionnés, on donnera un écartement entre la planchette conductrice et la pointe d'acier qui sert à tracer, égal à l'épaisseur de la planche dans l'endroit le plus faible. Dans l'hypothèse qui nous occupe, cet endroit se trouvera situé à peu près au milieu de la longueur de la planche, puisque cette planche étant courbe dans le principe, et sa partie bombée venant d'être enlevée, les deux extrémités doivent avoir plus d'épaisseur que le milieu. On appliquera le conducteur du trusquin contre la surface dressée, et en faisant couler le trusquin solidement maintenu, il tracera une ligne droite parallèle à cette surface, qui étant également tracée sur les quatre champs de la planche, déterminera ce qui doit être enlevé par les deux bouts, pour que la planche soit mise parfaitement d'épaisseur, c'est-à-dire pour que ses deux faces soient absolument parallèles. On emploîra pour enlever ces bouts, les moyens qui ont servi à faire disparaître la bombure du côté opposé, le fermoir, la demi-varlope, la varlope ; la planche ne sera dressée que lorsque le fer de cette dernière atteindra le bois dans toute sa longueur.

Bien dresser une planche n'est pas une opération aussi facile qu'on pourrait le penser au premier abord, en poussant la varlope, on ne la conduit pas toujours bien horizontalement, lorsqu'elle commence à mordre, le nez relève, et le fer dans cette position, prend plus de bois que lorsque l'outil pose à plat sur la planche, arrivé au bout, le poids de l'outil, qui n'est plus soutenu par devant, le fait pencher en avant et relever du derrière, et dans cette position encore, il enlève un copeau plus épais que vers

le milieu, cet effet insensible, mais répété à chaque allée et venue de la varlope, finit par rendre la planche plus
mince par les extrémités, et par conséquent convexe sur le milieu de sa longueur ; il arrive aussi que lorsque l'outil
se promène sur les bords latéraux, la
varlope ne s'appuyant plus que sur une
des joues, incline et coupe davantage
sur ces bords que dans le milieu, ce qui
finit par produire une autre convexité
qu'on nomme *dos d'âne*. Le commençant qui connaîtra les causes de ces dé-
fectuosités, sera en état d'y remédier, il
appuiera avec la main gauche, sur la
partie antérieure de son outil, en commençant à pousser ; lorsque cette partie
antérieure dépassera la longueur de la
planche, il cessera d'appuyer avec la
main gauche, et ce sera la droite qui,
pesant sur la poignée, à la partie postérieure, l'empêchera de baisser par devant lorsque la planche cesse de la sou-
tenir. Il évitera le *dos d'âne*, en penchant la main à droite lorsqu'il rifle sur
le côté gauche, et à gauche lorsque le
fer coupe sur la rive droite, il ne poussera pas toujours la varlope droit devant
lui, mais il la mettra un peu en travers

et la conduira en diagonale, et quelques fois même en travers, lorsque la planche sera très-large, puis enfin il replanira avec un rabot très-droit. En se servant du rabot, il ne faut pas s'appuyer dessus, mais bien le tenir dans ses deux mains, le supporter pendant qu'on le pousse, afin qu'il n'enlève que les endroits bombés, on doit le tourner dans tous les sens, afin qu'il dresse en long et en large.

Lorsque la planche est mise d'épaisseur, et qu'elle est bien dressée sur ses deux faces, on la met de largeur, en rabottant les champs s'ils ne l'ont pas encore été, et en suivant des lignes tracées à l'aide du trusquin, on commence par dresser un des côtés qui sert à tracer le côté opposé. Lorsqu'elle est mise de largeur, on la coupe d'équerre par ses bouts, en se servant pour tracer d'une équerre, dont on applique le dossier sur les côtés dressés. On enlève avec la scie ce qui excède le tracé. On vérifie si les champs sont carrément faits, en faisant glisser dessus une équerre dont le dossier est appliqué contre les faces de la planche; l'usage et la communication enseigneront d'ailleurs mille petits moyens dont il serait trop long d'entretenir le lecteur.

Chantourner.

On se sert de ce terme pour dire scier circulairement, scier en décrivant une courbe; on emploie, pour cet usage, des scies à lame étroite nommées communément *feuillets*, dont nous avons parlé au chapitre des outils. Ces scies doivent avoir les dents droites et longues; on doit leur donner beaucoup de voie, relativement à la largeur de la lame; elles sont montées dans des tourillons comme les scies allemandes (V. *pl.* 1re, *fig.* 34). Avant de s'en servir, il s'agit de tracer régulièrement les courbes qu'on veut leur faire suivre. Si les parties sont cintrées, on se sert d'un compas, sinon on fait un patron avec des planches fort minces en bois blanc, avec lesquelles on trace les courbes; ces patrons se nomment ordinairement *calibres*; on les emploie lorsqu'on a plusieurs pièces à couper sur le même modèle. Lorsqu'on fait mouvoir le feuillet, il faut avoir soin de faire marcher la lame dans toute sa longueur: cette règle, que nous recommandons pour toutes les scies, est spécialement de rigueur pour le feuillet qui est très-sujet à se gauchir, quelque bien tendu qu'il soit. Il faut aussi graisser souvent la lame qui s'échauffe très-promptement, et se détrempe facilement. On doit bornoyer de tems à autre cette lame, et avoir bien soin, en tournant la poignée et le tourillon, qu'elle se trouve bien droite et non gauche, comme cela arrive toutes les fois que les fentes des tourillons ou des chaperons, si l'on en met, ne se trouvent pas exactement l'une vis-à-vis de l'autre.

On se sert, pour replanir les passages des feuillets, de rabots ronds qui en effacent les traits; et alors on fait bien de recommencer à tracer afin de conserver la courbe requise. Les tonneliers chantournent leurs petites pièces avec une merveilleuse facilité; ils ont une espèce de seau renversé, sur lequel ils posent la pièce, qu'ils maintiennent avec le pied, ils scient en tournant autour: les menuisiers feraient peut-être bien, pour les petits ouvrages, d'avoir recours à ce moyen très-expéditif.

Faire un Tenon et une Mortaise.

On appelle *tenon* une partie de bois destinée à entrer dans un creux qu'on nomme *mortaise*. Il y a des tenons de toute façon, nous choisirons pour notre démonstration, celui qui se fait dans l'assemblage carré. Le tenon se fait avec l'aide d'une scie à dents inclinées et ayant peu de voie, qu'on nomme *scie à tenons*. On trace le bois à l'endroit où doit être *l'arrasement ;* on nomme ainsi les deux extrémités de la pièce sur laquelle est prise le tenon. (V. *fig.* 2 et 3 *pl.* 5, § 1er.) A, est l'arrasement ; B, le tenon ; ce tracé se fait avec l'équerre, puis on trace la moulure et l'épaisseur du tenon ; on enlève alors avec la scie le bois indiqué par ce tracé, en sciant le plus droit possible. Il est certains menuisiers, dont la main est tellement sûre, que la scie suffit seule pour faire le tenon ; ceux qui sont moins habiles, réparent avec le ciseau les erreurs de la scie ; cette opération s'appelle *recaler*. Le tenon de l'espèce de celui représenté dans la figure, est destiné à réunir deux pièces de même calibre. Il doit donc être pro-

portionné avec la pièce qu'il doit réunir, et être taillé de telle sorte que sa
force soit un peu supérieure à la force
réunie des quatre parois de la mortaise.
Assez ordinairement, l'épaisseur du tenon est déterminée par la largeur des
bédanes que le menuisier se propose
d'employer pour creuser la mortaise
qui doit le recevoir, et dans laquelle
il doit entrer forcément. L'arrasement
doit être d'équerre avec le tenon, et
être fait bien droit, afin de pouvoir s'ajuster exactement avec les *épaulemens*
de la mortaise.

La mortaise est le creux dans lequel
entre le tenon ; l'espace de bois compris
entre deux mortaises ou entre une mortaise, et l'extrémité de la pièce dans laquelle elle est creusée, se nomme *épaulement*. Ainsi que le tenon, la mortaise se
trace à l'aide du trusquin et de l'équerre ;
l'écartement du trusquin qui a servi à
marquer les *arrasemens* des tenons,
sert à marquer les *épaulemens* de la
mortaise. De cette sorte, si l'on suit
exactement le tracé, soit avec la scie en
faisant le tenon, soit avec le bédane en
creusant la mortaise, l'assemblage ne
peut manquer d'être juste ; et, comme

deux épaisseurs de scie pourraient oc-
casioner un mécompte sensible, on fera
bien, en sciant le tenon, de placer la
scie non pas sur la ligne, mais en dehors, afin que le tenon conserve toute
son épaisseur. Quant à la mortaise, il
faudra avoir, pour la creuser, un bédane
qui soit juste de calibre avec le tracé.
Les mortaises reprises avec des bédanes
étroits ou recalées au ciseau, ne sont
que très-rarement justes. Il y a plusieurs
manières de se servir du bédane, dans le
percement des mortaises, nous allons en
dire deux mots.

La mortaise étant tracée, on prendra
un bédane de calibre pour la creuser.
Je conseille au commençant, dont la
main n'est pas encore assurée, de commencer par poser sur le tracé de la
mortaise un ciseau dans une position
verticale, la planche de l'outil tournée
en dehors, et de donner quelques coups
de maillet dessus, pour commencer à
couper le bois dans le sens de son fil des
deux côtés longs de la mortaise; au
moyen de cette précaution, le bois n'é-
clatera pas longitudinalement et hors le
tracé, comme cela n'arrive que trop souvent, dès le premier coup qu'on frappe

sur le bédane. La mortaise ainsi cernée par les deux côtés, l'on pourra commencer à vider. Après avoir plongé le bédane dans la graisse, on le présentera droit sur le bout de la mortaise, la planche en dehors, le biseau en dedans; on donnera un coup de maillet, puis, reprenant le fil à cinq ou six lignes au-dessus de l'entaille produite par ce premier coup, en posant l'outil bien exactement entre les deux coupures faites par le ciseau, et en inclinant le bédane, on donnera quelques coups, jusqu'à ce que le tranchant aille trouver la coupure verticale faite au bout de la mortaise par le premier coup de bédane; on fera sortir le bois détaché, et on donnera un nouveau coup vertical, comme on a donné le premier; on reprendra le fil, comme il vient d'être dit, et on continuera de la sorte en inclinant et redressant l'outil jusqu'à ce qu'on ait atteint la profondeur que doit avoir la mortaise. Retournant alors l'outil, on fera partir dans le vide déjà pratiqué, le restant du bois qui remplit le tracé. Cette méthode est la meilleure. La *fig*. 6, *pl*.6, § 2, fera de suite comprendre cette démonstration. A, est la première position du bédane qu'il doit conserver pendant tout le tems qu'il fait la première coupure. B , est la manière de le placer, lorsqu'il s'agit de finir la mortaise. Les lignes ponctuées serviront à faire comprendre l'action du bédane dans ces deux positions.

Certains ouvriers, après avoir atteint la profondeur par un côté, répètent l'opération à l'autre bout de la mortaise, et, vident ensuite le milieu ; cette manière de faire n'est ni aussi prompte, ni aussi sûre que la première ; la *fig. 7, pl. id.*, représente d'ailleurs cette manière de faire ; les lignes ponctuées indiquent les passages successifs de l'outil.

Que l'on suive l'une ou l'autre manière d'opérer, il faut avoir soin de graisser de tems à autre l'outil , et de retirer souvent du creux les copeaux qui s'y amassent. Si la mortaise doit traverser de part en part, on fera bien, après avoir creusé plus de la moitié de la profondeur, de la prendre du côté opposé, en usant des mêmes précautions ; on ne risquera pas alors de dévier et de faire éclater le bois, comme cela a souvent lieu, lorsqu'on débouche par le fond, sans avoir changé de côté.

Le tenon doit entrer dans la mortaise à forte pression, sans cependant que cette pression soit telle qu'elle puisse faire fendre le bois. Quand les morceaux sont assemblés, on les fixe par des chevilles ; cette opération qui se fait à l'aide du vilbrequin, est si simple, que je crois superflu d'entrer dans aucun détail sur ce qui la concerne ; je dois dire seulement que les chevilles doivent être prises dans un morceau de chêne, bois de fil ; qu'on doit les faire carrées et ne point leur donner trop d'entrée ; les chevilles qui vont trop en pointe ne serrent que vers leur tête. Il faut se contenter de leur donner la pente nécessaire pour qu'elles puissent entrer.

Des Assemblages.

Savoir faire un assemblage propre et solide, est le fait d'un ouvrier déjà exercé dans son art ; savoir distinguer dans les nombreuses manières d'assembler celle qui convient à l'ouvrage qu'il exécute, est le fait d'un ouvrier intelligent. Mais, pour qu'il puisse convenablement diriger son choix, il faut qu'il connaisse tous les assemblages. C'est pour cette raison que nous avons réuni ici la majeure partie de ceux connus. Les assemblages demandent beaucoup d'attention pour la solidité et la bonne exécution. Nous avons déjà dit comment se fait un assemblage à tenon et à mortaise carrés ; nous donnons encore ici, *fig.* 3, *pl.* 5, § 1er, le même assemblage avec la coupe des moulures faite d'onglet : le tenon A s'enlève à la scie sur la pièce E ; la mortaise B doit le recevoir à pression exacte, ainsi que nous l'avons dit plus haut. La figure 2 représente le même assemblage, mais sans coupe d'onglet. Les assemblages en *enfourchemens* sont ceux dont la mortaise et le tenon occupent toute la longueur de la pièce, sans avoir d'épaulement.

L'assemblage à mi – bois représenté *fig.* 1re, *planche* id., est le plus facile des assemblages , mais aussi le moins solide ; il ne s'emploie guère pour les châssis et autres ouvrages communs ; A B sont les pates qui se joignent l'une sur l'autre et se fixent avec des chevilles ou des clous.

L'assemblage d'onglet a lieu lorsque la menuiserie est décorée de moulures ; on prolonge alors l'arrasement du te-

non du côté et de la largeur de la moulure ; c'est ce qu'on appelle vulgaire-
ment *rallonger une barbe*. La distance
existant depuis l'arrasement jusqu'à l'extrémité de la barbe rallongée, se coupe
d'onglet, c'est-à-dire, par un angle de
45 degrés (Voy. *fig*. 3, 4 et 5, *pl*. id.).
La figure 2, donne un assemblage en onglet entaillé à demi-bois ; la figure 3,
un assemblage en onglet à tenon et
mortaise ; la figure 4, un assemblage à
fausse coupe.

Quand on veut soigner cette partie
d'ouvrage, on coupe non-seulement la
moulure d'onglet, mais aussi le champ,
afin que le bois debout ne paraisse nulle
part ; c'est ce qu'on nomme *assembler
à bois de fil*. Cet assemblage se fait,
suivant le besoin, à mortaise ou par
enfourchement. Lorsque la coupe à bois
de fil est trop grande après l'épaulement de la mortaise, on peut faire un
enfourchement pour empêcher le joint
de varier dans son extrémité. Pour assembler à bois de fil des champs qui sont
inégaux en largeur, on agit de la manière suivante : après avoir coupé d'onglet la largeur de la moulure, on mène
une ligne depuis l'onglet jusqu'à la reu-

contre des deux lignes qui forment l'extrémité des champs ; ce qui fait la coupe demandée, qu'on nomme *assemblage de fausse coupe.*

Il arrive quelquefois qu'on doit assembler des pièces de différentes largeurs, et que l'épaisseur des deux pièces jointes ensemble égale celle de la pièce dans laquelle on les assemble ; il faut alors faire une mortaise d'une largeur capable de contenir les tenons réunis des deux pièces jointes ensemble ; c'est ce qu'on nomme *assemblage à tenon flotté.* Les cas où cet assemblage est nécessaire, ne se rencontrent que rarement.

Quand le bois a une épaisseur suffisante, on peut rendre l'ouvrage très-solide, en pratiquant deux tenons l'un sur l'autre, et conservant un jour entre eux, sans pour cela faire la traverse de deux pièces. Il est facile de joindre les planches les unes aux autres, lorsqu'elles ont assez d'épaisseur, en faisant dans chacune de ces planches, des mortaises auxquelles on ajuste un tenon rapporté qui leur est commun et qu'on nomme *clé.* Ce tenon étant chevillé, retient le joint et l'empêche de se décoller, *fig.* 1re, *pl.* 5, § 2 A A sont les mortaises, B B les tenons; on peut faire encore dans le milieu de l'épaisseur de ces planches ainsi jointes, une rainure très-mince, parce que trop d'épaisseur ôterait de la solidité au joint; la languette ainsi rapportée n'est d'ailleurs, en grande partie, destinée qu'à empêcher l'air de pénétrer à travers le joint. La *fig.* 5, *planche idem*, peut donner une idée de cet assemblage qui n'est tout simplement qu'une bouveture.

L'assemblage qui se nomme à queue d'aronde, est formé d'entailles évasées, lesquelles étant faites avec soin, retiennent ensemble deux pièces de bois d'une maniere très-solide (Voy. *fig.* 6, *planche* 5, § 1er).

L'assemblage à queues recouvertes ou queues perdues, se pratique dans les ouvrages soignés ; on donne en grandeur à ces sortes de queues les deux tiers ou les trois quarts de l'épaisseur, et le restant est coupé d'onglet. La *figure* 7, *planche* id., donnera une idée de cet assemblage qui exige, pour être bien fait, une main habile et exercée.

La *fig.* 8 représente un assemblage à queues d'aronde percées.

La *fig.* 6, *pl.* 5, § 2, est un assemblage en emboîture; A l'emboîture, B la rainure, C la languette, D les mortaises des clés, E les clés, F les planches à assembler.

Les *fig.* 2, 3, 4, *planche* idem, représentent des assemblages d'onglet à tenon droit; A la mortaise, B le tenon.

Cette *planche* 5 § 1 et 2, est d'ailleurs employée à donner les figures de différens assemblages.

Assemblages droits entre bois de même épaisseur.

PLANCHE 6, § 1er :

Fig. 1re, A assemblage à feuillure.

Fig. 2, assemblage à rainure et languette; A la languette, B la rainure.

Fig. 3, assemblage à rainure et languette avec feuillure; A la rainure, B la languette, C la feuillure.

Fig. 4, autre assemblage de même nature; A A les languettes ou feuillures, B B les feuillures.

Fig. 5, assemblage à double languette et à double rainure.

Fig. 6, assemblage à rainure et languette avec double feuillure; A la rainure, B la languette, C C les feuillures.

Fig. 7, assemblage à noix; A la noix creuse, B la noix ronde.

Assemblages droits; les bois d'épaisseurs différentes.

Fig. 8, assemblage à feuillure simple.

Fig. 9, assemblage à double feuillure.

Fig. 10, assemblage à double rainure.

Fig. 11, assemblage en avant à rainure et languette.

Fig. 12, autre assemblage de même nature.

Fig. 13, assemblage en avant à rainure et double languette.

Fig. 14, assemblage à recouvrement à rainure et languette; A le recouvrement.

Assemblages angulaires.

Fig. 15, assemblage à feuillure à bois entier.

Fig. 16, assemblage à feuillure à demi-bois.

Fig. 17, assemblage à rainure et à languette à demi-bois.

Fig. 18, assemblage à rainure et à languette d'un côté.

Fig. 19, assemblage à languette et à rainure en arrière.

Fig. 20, assemblage à rainure et à languette en avant.

PLANCHE 6, § 2.

Assemblages pour rallonger les pièces de bois.

Il y a deux manières de rallonger les pièces de bois qui sont trop courtes : la première par des entailles à demi-bois de chaque pièce, avec des rainures et des languettes à l'extrémité des entailles ; on les retient ainsi assemblées au moyen de la colle et des chevilles. L'autre manière est de rallonger les bois à *traits de Jupiter* (Voy. *fig.* 4 et 5).

On les fait en entaille à mi-bois dans chaque pièce, et, en y faisant une seconde entaille pour recevoir la clé. Il faut que cette seconde entaille soit plus étroite du côté de l'extrémité de la pièce, afin que la clé forçant contre, ne trouve point de résistance dans le côté opposé de l'autre entaille, et qu'elle fasse mieux approcher les joints. On se sert de l'assemblage nommé *flûte* ou *sifflet* pour rallonger le bois dont toute la largeur est occupée par des moulures. Pour cet effet, on divise la largeur de la pièce en deux parties égales; on détermine la longueur des entailles, puis, de la ligne tracée à cet effet jusqu'à l'extrémité de la pièce, on tire des diagonales, de sorte que les entailles soient faites dans ces deux pièces en montant de droite à gauche, afin que, quand on vient à pousser les moulures, elles ne soient pas sujettes à éclater.

Lorsqu'on a plusieurs membres de moulures dans la pièce, on peut mettre le joint dans le dégagement d'une d'entr'elles s'il s'en trouve un, soit à peu près au milieu, soit au milieu d'une gorge. Il faut observer, en rallongeant à traits de Jupiter les pièces ornées de moulures, de faire l'entaille après la rainure, ou la profondeur de la moulure s'il n'y a pas de rainure, afin que la clé ne se découvre point.

On peut encore rallonger les parties

cintrées, tant sur le plan que sur l'élévation, avec des traits de Jupiter. Quand
les pièces cintrées par plan ont peu de
cintre, on doit les rapporter en faisant
dans le bout de la pièce un enfourchement peu profond et de l'épaisseur du
tenon. On fait trois ou quatre trous dans
cet enfourchement, pour y placer les
chevilles ou les goujons du tenon que
l'on rapporte : ces espèces de tenons se
nomment *tenons à peignes* ; les *traits
de Jupiter* appartiennent plus spécialement à l'art du charpentier.

La *fig*. 4, représente le trait de Jupiter tel que les menuisiers le pratiquent
plus volontiers ; celui représenté *fig*. 5,
est plus ordinairement mis en usage par
les charpentiers.

La *fig*. 1re, *planche* id., représente
une manière de rallonger par un assemblage à pates et à queues.

La *fig*. 2, une autre manière de rallonger par enfourchement.

Et enfin la *fig*. 3, une manière de
rallonger à pates en bec-de-flûte chevillées.

Les assemblages dont nous venons de
donner la description ne sont pas les
seuls que le menuisier doive connaître ;

les raccords de moulures et leurs assemblages demandent d'autres tracés. On les trouvera plus détaillés dans la seconde partie de cet ouvrage, qui sera spécialement consacrée à l'exposition de toutes les parties du dessin linéaire, à la géométrie, à l'architecture, au tracé des moulures, à la pénétration des solides, à la réduction et augmentation des profils, et enfin à l'art du trait. Les assemblages que nous venons de donner suffiront ponr la grande majorité des ouvrages courans.

Nous allons terminer cette première partie par quelques considérations générales sur les assemblages qui ne seront pas d'une grande importance pour ceux qui ont déjà travaillé et qui connaissent la manière de se servir des outils; mais qui ne paraîtront pas sans intérêt aux commençans.

Considérations générales sur les Assemblages.

La justesse, la solidité, la netteté des assemblages dépendent de la manière dont le tracé a été fait, c'est à cette opération préliminaire que l'ouvrier doit donner la plus grande attention, parce que le succès dépend plus qu'on ne pense, d'un tracé bien exact. Il faut avoir soin, soit en perçant les mortaises, soit en dégageant les tenons, de suivre toujours le tracé bien exactement, et de faire toujours les angles rentrans bien vifs. Si la scie n'avait pas atteint les angles, il faudrait les aviver avec le ciseau: cette opération, que les ouvriers nomment *dégraisser*, sert à faire joindre parfaitement les assemblages. Si l'on fait une rainure ou une languette, il faut veiller à ce que le bouvet soit toujours maintenu dans une position bien perpendiculaire, afin que la rainure ou la languette soient toujours droites et d'aplomb; on fera bien de bornoyer de tems en tems, afin de s'assurer si la languette ou la rainure penchent d'un côté ou d'autre, et dans le cas où ce défaut aurait lieu, il faudrait pencher un peu l'outil du côté opposé et enfin le ramener droit. Il vaut pourtant mieux s'appliquer à ne le laisser nullement dévier, parce qu'on risque en voulant redresser, soit de faire éclater le bois lorsque la languette est mince, soit de l'appauvrir et de trop l'amincir, lorsqu'elle est forte, et alors elle entre trop facilement dans la rainure, et ne fait pas un bon assemblage. Lorsque la rainure ou la languette sont inclinées, l'assemblage ne se fait pas bien, les planches réunies sont gauches, les épaulemens touchent d'un côté et baillent de l'autre; il faut donc absolument s'attacher à tenir toujours l'outil bien droit. Il arrive souvent que malgré toutes les précautions, la languette se trouve encore trop mince pour remplir exactement la rainure; dans ce cas, on doit écarter un peu le fer fourchu des bouvets, en agissant toutefois avec beaucoup de précaution. Il faudrait au contraire rapprocher les deux branches de ce fer, si la languette entrait avec trop de peine dans la rainure, et si l'on pouvait craindre que trop d'efforts pour opérer l'assemblage ne fissent éclater le bois de la rainure. Quand on affûte ce fer fendu, il faut avoir soin de le faire bien également, afin qu'une des branches ne soit pas plus allongée que l'autre, parce qu'alors un des deux arrasemens de la languette se trouvant plus bas que l'autre, sa jonction avec l'épaulement de la rainure, ne pourrait avoir lieu de ce côté.

Quant au fer mâle qui fait la rainure, il doit être assorti avec le fer à deux branches, et saillir un peu davantage, afin que la rainure soit plus profonde que la languette n'est haute; il faut avoir soin de graisser de tems en tems la lumière de ces outils, afin que le copeau y glisse facilement, leur construction les rendant sujets à se bourrer.

On fait en ébénisterie d'autres petits assemblages dont nous n'avons pas cru devoir parler, attendu leur peu d'importance; toutes les descriptions verbales et même les figures les mieux dessinées ne sauraient en donner une idée aussi exacte que celle que la vue d'une boîte à couleur ou d'un petit nécessaire fournira de suite. La colle fait en grande partie les frais de ces assemblages, avec quelques clavettes chevillées ou collées dans les coupes d'angles. Dans les explications que nous donnerons des différens modèles à exécuter, nous aurons soin de parler des assemblages lorsqu'ils s'écarteront de la règle commune.

Nous terminons ce chapitre par une règle générale, et qui a particulièrement rapport à la solidité de l'ouvrage; c'est qu'on doit toujours, autant que possible,

faire suivre aux tenons le fil du bois ;
ceux enlevés dans le bois tranché, ne
sont d'aucune durée ; affaiblis par le trou
de la cheville, il ne faut qu'un léger
choc pour les faire éclater. Il faut aussi,
en creusant une rainure, faire attention
de quel côté s'opère la force de traction,
afin d'opposer, autant que possible à
cette force, soit un bois de fil, soit un
bois debout, suivant les cas. C'est surtout pour les assemblages à queues, et
pour ceux à rainures et à languettes, que
nous faisons cette observation. Un ouvrier intelligent qui raisonne son ouvrage, sait tirer un grand parti de la
manière dont il dirige ses assemblages
en calculant les forces du bois sur tel ou
tel sens.

FIN DE LA PREMIÈRE PARTIE.

TABLE DES MATIÈRES

CHAPITRE. IV.

CHAPITRE V.

FIN DE LA TABLE DES MATIÈRES.

ERRATA.

Pag. 175, supprimez § 1er.

Pag. 109, *ligne* 8, supprimez le mot *soit.*

Pag. id., *ligne* 11, mettez une virgule après moyen, et lisez : *par tout autre moyen, et qui réunisse d'ailleurs les qualités*, etc.

Pag. 152, *ligne* 5, remplacez la virgule faisant la fin de la ligne par *à*, reportez cette virgule ligne 6, après le mot planche, et lisez : *sera facilement comprise à l'inspection de la planche, la presse de devant se faisant absolument*, etc.

Pag. 207, *ligne* 25, *épaisseur de la tige*; lisez : épaisseur de la tête.

Pag. 216, *ligne* 13, *pour le faire*, lisez : pour la faire.

www.ingramcontent.com/pod-product-compliance
Lightning Source LLC
LaVergne TN
LVHW010801060726
842527LV00002B/513